技工院校一体化课程教学改革电梯工程技术专业教材

电梯电气部件安装

人力资源社会保障部教材办公室组织编写

中国劳动社会保障出版社

内容简介

本书主要内容包括电梯控制柜元器件的安装、餐梯拖动线路的安装、电梯信号控制线路的安装三个学习任务。

图书在版编目（CIP）数据

电梯电气部件安装 / 人力资源社会保障部教材办公室组织编写. -- 北京：中国劳动社会保障出版社，2020

技工院校一体化课程教学改革电梯工程技术专业教材

ISBN 978-7-5167-4435-2

Ⅰ.①电… Ⅱ.①人… Ⅲ.电梯－电气设备－设备安装－技工学校－教材 Ⅳ.①TU857

中国版本图书馆 CIP 数据核字（2020）第 077139 号

中国劳动社会保障出版社出版发行

（北京市惠新东街 1 号 邮政编码：100029）

*

三河市潮河印业有限公司印刷装订 新华书店经销

787 毫米 ×1092 毫米 16 开本 8.5 印张 144 千字

2020 年 6 月第 1 版 2025 年 1 月第 3 次印刷

定价：17.00 元

营销中心电话：400-606-6496

出版社网址：http: //www.class.com.cn

http: //jg.class.com.cn

技工院校一体化课程教学改革教材编委会名单

编审人员

主　编：陈立香

副主编：李文秋　潘　莹

参　编：闫莉丽　罗　飞　崔晓钢　王红照　李树勇

主　审：李泽明

序

习近平总书记指示：“职业教育是国民教育体系和人力资源开发的重要组成部分，是广大青年打开通往成功成才大门的重要途径，肩负着培养多样化人才、传承技术技能、促进就业创业的重要职责，必须高度重视、加快发展。”技工教育是职业教育的重要组成部分，是系统培养技能人才的重要途径。多年来，技工院校始终紧紧围绕国家经济发展和劳动者就业，以满足经济发展和企业对技术工人的需求为办学宗旨，既注重包括专业技能在内的综合职业能力的培养，也强调精益求精的工匠精神的培育，为国家培养了大批生产一线技能劳动者和后备高技能人才。

随着加快转变经济发展方式、推进经济结构调整以及大力发展高端制造业等新兴战略性产业，迫切需要加快培养一批具有高超技艺的技能人才。为了进一步发挥技工院校在技能人才培养中的基础作用，切实提高培养质量，从2009年开始，我部借鉴国内外职业教育先进经验，在全国200余所技工院校先后启动了三批共计32个专业（课程）的一体化课程教学改革试点工作，推进以职业活动为导向，以校企合作为基础，以综合职业能力培养为核心，理论教学与技能操作融会贯通的一体化课程教学改革。这项改革试点将传统的以学历为基础的职业教育转变为以职业技能为基础的职业能力教育，促进了职业教育从知识教育向能力培养转变，努力实现“教、学、做”融为一体，收到了积极成效。改革试点得到了学校师生的充分认可，普遍反映一体化课程教学改革是技工院校一次“教学革命”，学生的学习热情、综合素质和教学组织形式、教学手段都发生了根本性变化。试点的成果表明，一体化课程教学改革是转变技能人才培养模式的重要抓手，是推动技工院校改革发展的重要举措，也是人力资源社会保障部门加强技工教育和职业培训工作的一个重点项目。

教学改革的成果最终要以教材为载体进行体现和传播。根据我部推进一体化课程教学改革的要求，一体化课程教学改革专家、几百位试点院校的骨干教师以及中国人力资源和社会保障出版集团的编辑团队，组织实施了一体化课程教学改革试点，并将试点中形成的课程成果进行了整理、提炼，汇编成教材。第一批试点专业教材 2012 年正式出版后，得到了院校的认可，我们于 2019 年启动了第一批试点专业教材的修订工作，将于 2020 年出版。同时，第二批、第三批试点专业教材经过试用、修改完善，也将陆续正式出版。希望全国技工院校将一体化课程教学改革作为创新人才培养模式、提高人才培养质量的重要抓手，进一步推动教学改革，促进内涵发展，提升办学质量，为加快培养合格的技能人才做出新的更大贡献！

技工院校一体化课程教学改革
教材编委会
2020年5月

目　　录

学习任务一　电梯控制柜元器件的安装

学习目标

1. 能识读电梯控制柜元器件安装任务单，明确安装任务。
2. 熟悉电梯控制柜元器件的基本知识。
3. 能识读电梯控制柜电路图，绘制电梯控制柜元器件布局图，填写安装接线表。
4. 能正确选用安装工具仪表，完成电梯控制柜元器件的安装。
5. 能完成电梯控制柜元器件安装质量自检及通电试运行。
6. 能完成电梯控制柜元器件安装的工作总结与评价。

建议学时

36 学时

工作情境描述

某商场需要安装一部提升高度为 3.5 m、速度为 0.5 m/s 的自动扶梯，设备、材料已经装箱进场。电梯安装作业人员从项目组长处领取安装任务单，根据安装任务单要求开箱检查，完成电梯控制柜元器件的安装、调整和测试，并进行质量自检与验收，两日内完成。

工作流程与活动

学习活动 1　明确工作任务（2 学时）

学习活动 2　安装前的工作准备（10 学时）

学习活动 3　明确安装流程（2 学时）

学习活动 4　安装实施（16 学时）

学习活动 5　质量检查与试运行（4 学时）

学习活动 6　工作总结与评价（2 学时）

学习活动1　明确工作任务

学习目标

1. 能识读电梯控制柜安装任务单，明确安装任务。
2. 熟悉自动扶梯和电梯控制柜的基本知识。

建议学时　2学时

学习过程

一、识读电梯控制柜元器件安装任务单，明确安装任务

电梯安装作业人员从项目组长处领取电梯控制柜元器件安装任务单，读取安装项目、日期、地点等相关信息，并根据安装任务单，完成电梯控制柜安装信息表的填写。

电梯控制柜元器件安装任务单

合同编号	×××××				
使用单位	某商场			联系人	李×
工程地址	将军路1号			电话号码	138××××××××
施工类别	安装☑　维修□　改造□			施工日期	2019/09/20
设备名称	自动扶梯控制柜			电梯额定载重量	1 000 kg
速度	0.5 m/s	提升高度	3.5 m	台数	1
施工人员					
负责人					
安装说明：需要在控制柜内安装主令电器、熔断器、接触器、继电器等低压电器，并按照标准工艺接线					

续表

序号	安装项目	数量	备注
1	漏电断路器	1	
2	直插式熔断器（配座）	2	
3	交流接触器	1	
4	热继电器	1	
5	按钮	2	
6	指示灯	1	
7	导轨	若干米	
8	接线端子	若干个	
9	线槽	若干米	
10	导线	若干米	
11			
签发人	王 ×	日期	2019/07/13

电梯控制柜安装信息表

1．工作人员信息

安装人		时间	

2．电梯基本信息

电梯类型			
用户单位		用户地址	
联系人		联系电话	

3．根据安装任务单列出电梯控制柜安装工作包含的安装项目、遵循规范及安装目标

序号	安装项目	遵循规范	安装目标
1			
2			
3			
4			
5			
6			

续表

序号	安装项目	遵循规范	安装目标
7			
8			
9			
10			
11			

二、领取并确认资料

领取《安装调试手册》、电梯电气安装电路图、《电梯制造与安装安全规范》（GB 7588—2003）及1、2号修改单等资料，并填写资料清单。

资料清单

序号	资料名称	数量	是否完好	备注
1	《安装调试手册》			
2	电梯电气安装电路图			
3	《电梯制造与安装安全规范》			
4	1号修改单			
5	2号修改单			

三、认识自动扶梯和电梯控制柜

根据电梯控制柜的安装要求，阅读领取到的资料，认识自动扶梯和电梯控制柜。

1. 自动扶梯

（1）什么是自动扶梯？

自动扶梯实物图

（2）根据自动扶梯的结构示意图，填写各组成零部件的名称及作用。

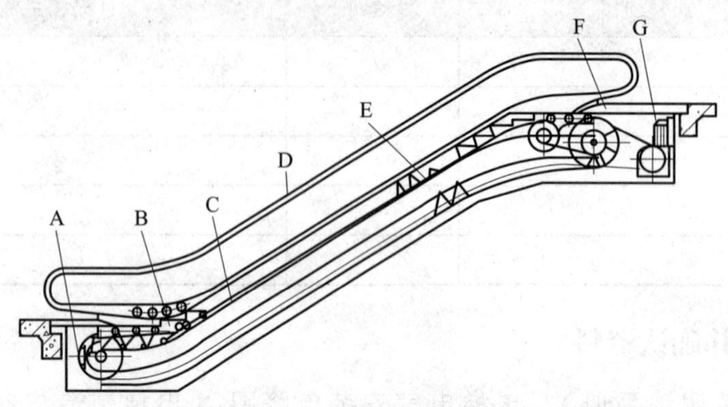

自动扶梯结构示意图

图中位置	名称	作用
A		
B		
C		
D		
E		
F		
G		

2．电梯控制柜

（1）什么是电梯控制柜？

（2）电梯控制柜的功能是什么？

（3）电梯控制柜安装在哪里?

（4）早期的电梯控制柜中有哪些元器件？现代的电梯控制柜大多由哪些设备组成?

（5）电梯控制柜的电源来自哪里？电梯控制信号线引出后，进入井道如何处理?

（6）根据电梯控制柜的实物图填写各组成部分的名称及作用。

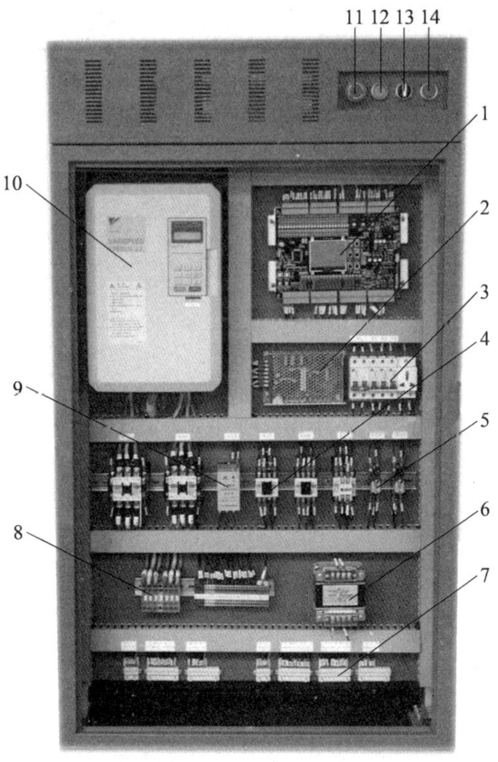

电梯控制柜

图中位置	名称	作用
1		
2		
3		
4		
5		
6		
7		
8		
9		
10		
11		
12		
13		
14		

学习活动 2　安装前的工作准备

学习目标

1. 能识别与检测电梯控制柜中的元器件。
2. 熟悉导线、线槽、接线端子的基本知识。
3. 能根据电梯控制柜安装任务单，确认安装材料清单。

建议学时　10 学时

学习过程

一、元器件的识别与检测

1．按钮的识别与检测

（1）什么是主令电器？主令电器有哪些？

（2）按钮的作用是什么？

（3）根据按钮的结构示意图，填写各组成部分的名称。

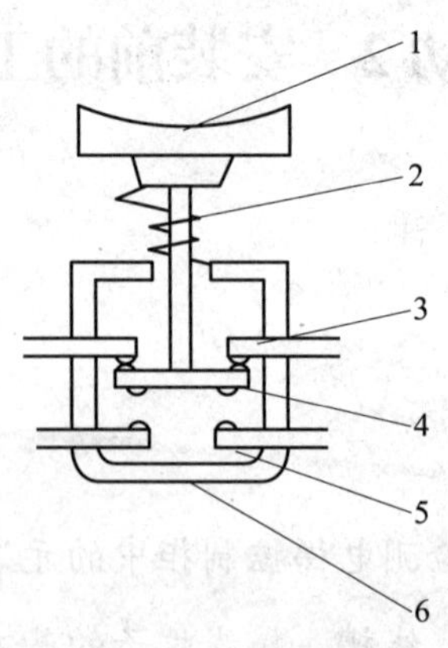

按钮结构示意图

序号	名称	序号	名称
1		4	
2		5	
3		6	

（4）按钮通常分为以下几类，填写各类按钮的名称。

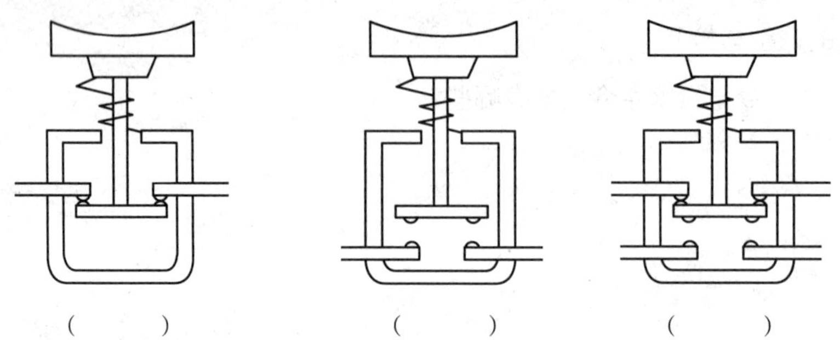

（5）根据下表，查阅相关资料，写出 LA18–22 中各个字母和数字的含义。

序号	型号	额定电压 V		额定发热电流 A	触头对数		钮的颜色	外形尺寸 mm	安装尺寸 mm	结构形式
		交流	直流		常开	常闭				
1	LA18-22	380	220	5	2	2	红绿黄黑	48×36×69	M24×1.25	一般钮
2	LA18-44	380	220	5	4	4	红绿黄黑	48×36×105	M24×1.25	
3	LA18-66	380	220	5	6	6	红绿黄黑	48×36×143	M24×1.25	
4	LA18-22J	380	220	5	2	2	红	48×36×80	M24×1.25	紧急钮
5	LA18-44J	380	220	5	4	4	红	48×36×116	M24×1.25	
6	LA18-66J	380	220	5	6	6	红	48×36×154	M24×1.25	
7	LA18-22X2	380	220	5	2	2	黑	48×36×87	M24×1.25	二位置旋钮
8	LA18-22X3	380	220	5	2	2	黑	48×36×87	M24×1.25	三位置旋钮
9	LA18-44X	380	220	5	4	4	黑	48×36×123	M24×1.25	旋钮
10	LA18-66X	380	220	5	6	6	黑	48×36×161	M24×1.25	旋钮
11	LA18-22Y	380	220	5	2	2	锁芯本色	48×36×90	M24×1.25	钥匙钮
12	LA18-44Y	380	220	5	4	4	锁芯本色	48×36×126	M24×1.25	
13	LA18-66Y	380	220	5	6	6	锁芯本色	48×36×164	M24×1.25	

（6）简述用万用表检测启动按钮和停止按钮的方法。

（7）画出按钮开关的图形符号和文字符号。

2．继电器的识别与检测

（1）什么是继电器？继电器的作用是什么？

（2）根据下表中的图片，填写继电器的名称和图形符号。

图片	名称	图形符号
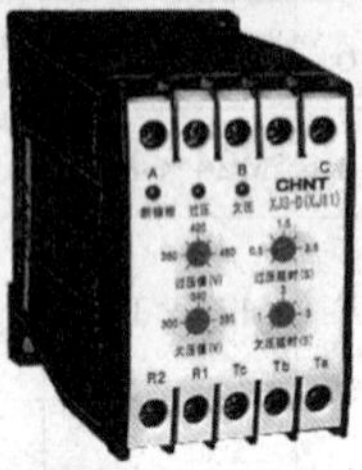		

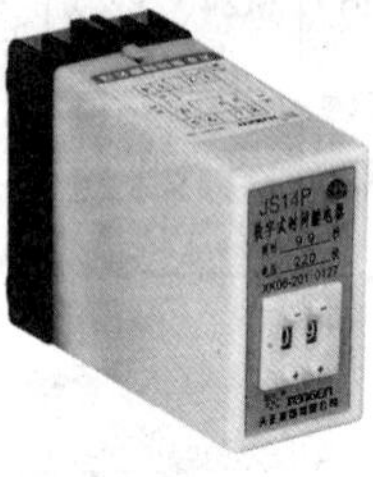		

续表

图片	名称	图形符号

（3）根据继电器型号的含义，写出 JS3620 中各个字母和数字的含义。

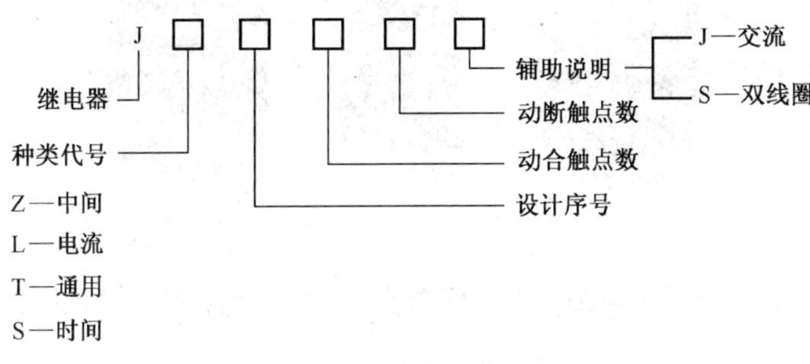

继电器型号的含义

（4）简述用万用表检测继电器的方法。

3．断路器的识别与检测

（1）什么是断路器？断路器的作用是什么？

（2）根据下列图片填写对应断路器的名称。

（　　　　　　　　　　）　　　　　（　　　　　　　　　　）

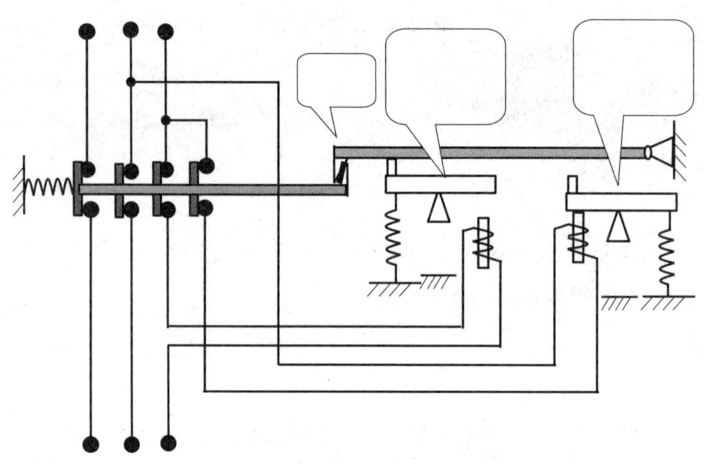

（　　　　　　　　　　）

（3）下图为断路器结构示意图，在方框内填写组成机构名称，并说明其动作过程。

断路器结构示意图

（4）画出空气断路器的图形符号和文字符号。

（5）查阅资料，描述断路器上“DZ47-63，C25”的含义。

（6）简述用万用表检测断路器的方法。

4．接触器的识别与检测

（1）什么是接触器？接触器的作用是什么？

（2）根据下列图片填写对应接触器的名称。

（　　　　　　）

（　　　　　　）

（　　　　　　）

（3）下图为交流接触器结构示意图，在方框内填写组成元器件名称，并说明其动作过程。

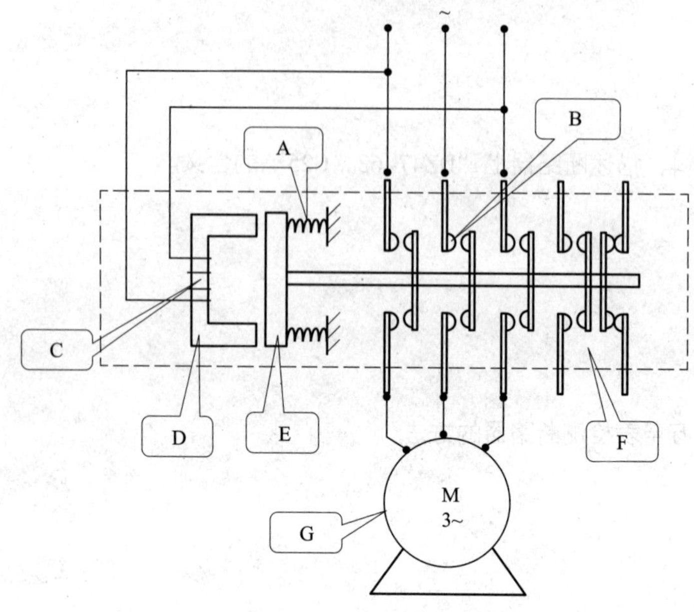

交流接触器结构示意图

（4）画出交流接触器的图形符号和文字符号。

（5）查阅资料，描述接触器“CJX1-32”的含义。

（6）简述用万用表检测接触器的方法。

5．熔断器的识别与检测

（1）什么是熔断器？熔断器的作用是什么？

（2）根据下列图片填写对应熔断器的名称。

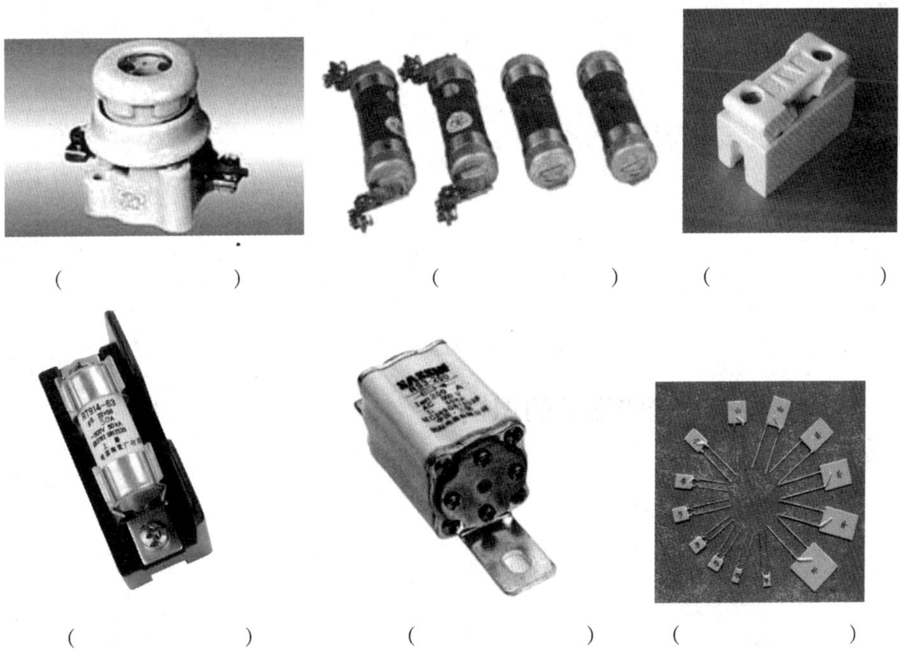

（3）在下图方框内填写熔断器组成器件的名称。

（4）画出熔断器的图形符号和文字符号。

（5）根据熔断器型号的含义，写出 RL1-200 中各个字母和数字的含义。

（6）简述用万用表检测熔断器的方法。

二、导线、线槽、接线端子的识别

1．什么是导线？

2．查阅资料并根据常见导线型号表，对导线进行分类。

常见导线型号表

型号	名称	型号	名称
BX	铜芯橡胶线	RVS	铜芯塑料绞型软线
BV	铜芯塑料线	BVR	铜芯塑料软线
BLX	铝芯橡胶线	BLXF	铝芯氯丁橡胶线
BLV	铝芯塑料线	BXF	铜芯氯丁橡胶线
BBLX	铝芯玻璃丝橡胶线	LJ	裸铝绞线
BVV	铜芯塑料护套线	TMY	铜母线

按材质分类：

按防火要求分类：

按线芯分类：

按温度分类：

按颜色分类：

按电压分类：

3．什么是线槽?

4．塑料线槽的常见分类如下图所示，查阅资料，说明线槽型号“25*25”和“20*15”的含义。

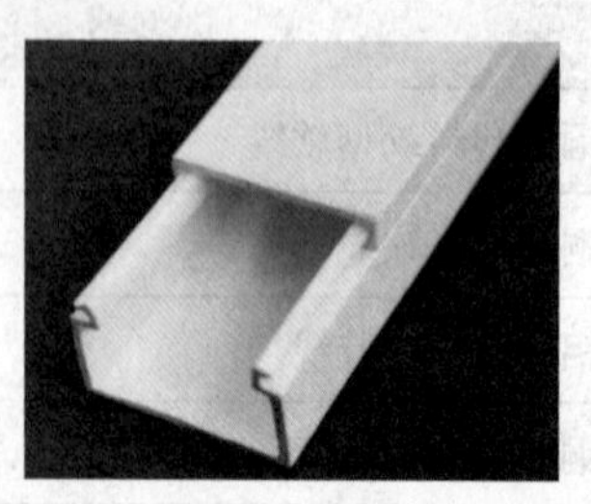
墙壁方线槽

弧形地线槽

配电柜线槽

5．什么是接线端子？

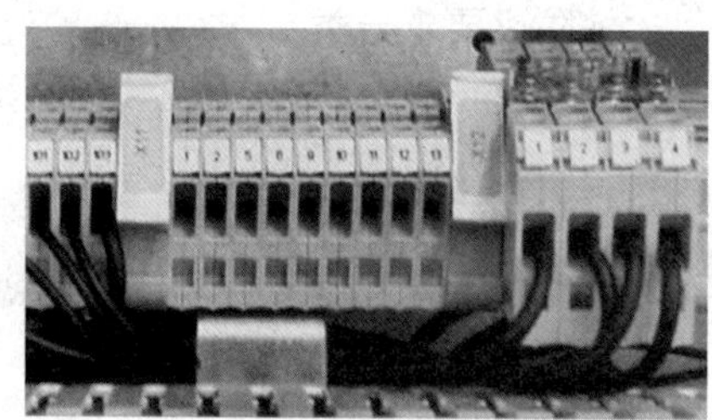
接线端子实物图

6．查阅接线端子资料，填写下表。

型号	额定电流 A	型号含义
JX2–10		
JX2–25		
JX2–60		
JX3–0505		
JX3–1005		
JX3–2005		
JX3–6005		

三、确认电梯控制柜安装材料清单

根据电梯控制柜安装任务单，查阅电梯控制柜安装材料清单，确认安装材料。

电梯控制柜安装材料清单

序号	物料名称	规格	数量	确认情况
1	漏电断路器	DZ47LE-32	1个	□质量　□数量　□规格
2	直插式熔断器（配座）	R0-15-5A	2个	□质量　□数量　□规格
3	交流接触器	CJX2-0910/380	1个	□质量　□数量　□规格
4	热继电器	JRS1D-25	1个	□质量　□数量　□规格
5	按钮		2个	□质量　□数量　□规格
6	指示灯		1个	□质量　□数量　□规格
7	安装导轨	35 mm	1.5 m	□质量　□数量　□规格
8	接线端子	10 A	100个	□质量　□数量　□规格
9	线槽	30 mm × 25 mm	2 m	□质量　□数量　□规格
10	导线	1 mm^2	30 m	□质量　□数量　□规格

学习活动 3　明确安装流程

学习目标

1. 能填写电梯控制柜安装流程表。
2. 能识读电梯控制柜（检修点动运行）电路图。
3. 能绘制电梯控制柜（检修点动运行）元器件布局图。
4. 能填写电梯控制柜（检修点动运行）安装接线表。

建议学时　2 学时

学习过程

一、填写电梯控制柜安装流程表

根据电梯控制柜元器件的安装要求，阅读《安装调试手册》、电梯电气安装电路图、《电梯制造与安装安全规范》（GB 7588—2003）及 1、2 号修改单，填写电梯控制柜安装流程表。

电梯控制柜安装流程表

1．工作人员信息

安装人	张 ×	时间	

2．电梯控制柜基本信息

电梯类型	自动扶梯		
用户单位		用户地址	将军路 1 号
联系人		联系电话	

3．工作对象及技术要求

续表

序号	位置	项目	技术要求
1	主电路	漏电断路器	
2		直插式熔断器（配座）	
3		交流接触器	
4		时间继电器（配座）	
5		中间继电器	
6		直插式熔断器（配座）	
7		热继电器	
8		控制变压器	
9		整流桥堆	
10		可调绕线电阻	
11		行程开关	
12	辅助设备	接线端子	
13		安装导轨	
14		线槽	
15	按钮装置	启动按钮	
16		停止按钮	
17		急停按钮	

4．工具要求

序号	工具名称	数量	规格	备注
1	安全帽	1		
2	工作服	1		
3	安全鞋	1		
4	剥线钳	1		
5	十字旋具	1		
6	一字旋具	1		
7	活扳手	1		
8	验电笔	1		

续表

序号	工具名称	数量	规格	备注
9	斜口钳	1		
10	卷尺	1	5 m	
11	直尺	1	300 mm	
12	电烙铁	1		
13	万用表	1		
14	钳形表	1		
15	绝缘表	1		
16	接地电阻仪	1		

5．实施进度安排

序号	任务	预计完成时间	参与人	负责人
1	分析安装任务书的内容和要求		全体	
2	领取电梯控制柜相关资料		全体	
3	识读电梯线路电路图		全体	
4	识别电梯控制柜电气部件		全体	
5	确认电梯电气部件型号		全体	
6	检查电梯控制柜电气部件功能		全体	
7	识别导线、线槽、接线端子		全体	
8	填写电气部件元件材料清单		全体	
9	填写电梯控制柜安装流程表		全体	
10	绘制电梯控制柜元器件布局图		全体	
11	填写电梯控制柜安装接线表		全体	
12	制作工具仪器清单		全体	
13	检查工具仪器质量		全体	
14	安装电梯控制柜元器件		全体	
15	检查电梯控制柜元器件安装、接线、绝缘、接地质量		全体	
16	电梯控制柜通电试运行		全体	
17	诊断与排除元器件故障		全体	
18	电梯控制柜安装工作总结与评价		全体	

二、识读电梯控制柜（检修点动运行）电路图

识读电梯控制柜（检修点动运行）电路图，按要求绘制电气原理图，并填写电路结构认识记录表。

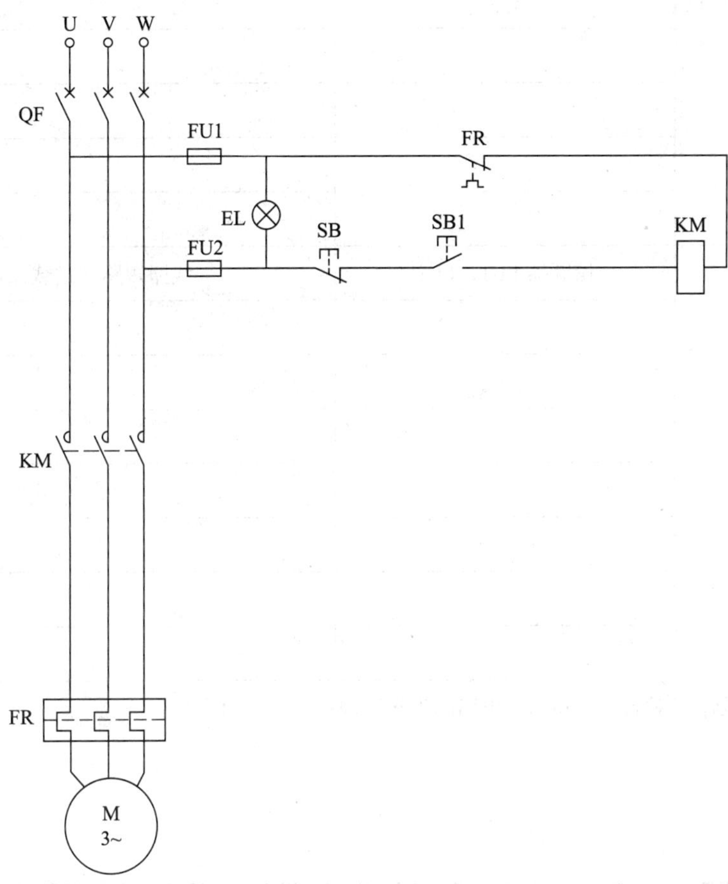

电梯控制柜（检修点动运行）电路图

电梯控制柜（检修点动运行）电气原理图：

电路结构认识记录表

电路构成	元器件名称及代号	用途及作用
主回路	自动断路器 QF	接通和分断电源
控制回路	熔断器 FU1、FU2	线路短路和过载保护

简述电梯控制柜（检修点动运行）电路的工作原理：

三、绘制电梯控制柜（检修点动运行）元器件布局图

依据电梯控制柜（检修点动运行）电气原理图，绘制电梯控制柜（检修点动运行元器件）布局图。

电梯控制柜（检修点动运行）元器件布局图：

四、填写电梯控制柜（检修点动运行）安装接线表

根据电梯控制柜安装任务单及布局图，填写电梯控制柜（检修点动运行）安装接线表。

电梯控制柜（检修点动运行）安装接线表

导线号	线缆规格型号	颜色	长度 cm	数量	连接点Ⅰ		连接点Ⅱ		备注
					设备代号	端子号	设备代号	端子号	
1	1.5mm^2 BVR	黑	30	1	QF	L1	KM	1/L1	

学习活动4 安 装 实 施

学习目标

1. 能正确选用工具、仪表并检查其好坏。
2. 能根据布局图、接线表，完成电梯控制柜的安装。

建议学时 16学时

学习过程

一、选用并检查工具、仪表

根据电梯控制柜元器件安装任务单，查阅《安装调试手册》、电梯电气安装电路图、《电梯制造与安装安全规范》(GB 7588—2003)及1、2号修改单，领用工具、仪表。工具、仪表领取后，要立即对领取的工具、仪表进行检查，并填写工具、仪表质量检查表。发现损坏的工具、仪表，要及时更换，以保证电梯控制柜安装工作的正常开展。

工具、仪表质量检查表

序号	工具、仪表名称	检查标准	检查结果	评分标准	评分1	评分2
1	安全帽	1. 外观完整，无损坏	□完好 □损坏	1. 说出安全帽部件名称，少说或说错一个扣2分 2. 说出检查标准，少说或说错一个扣2分 3. 按检查标准开展检查，少检查或检查错误一项扣2分		
		2. 后箍完整，能正常使用	□完好 □损坏			
		3. 下颚带完整，能正常使用	□完好 □损坏			

续表

序号	工具、仪表名称	检查标准	检查结果	评分标准	评分1	评分2
2	工作服	1. 拉链完整，能正常使用	□完好 □损坏	1. 说出检查标准和对应位置，少说或说错一个扣2分 2. 按检查标准开展检查，少检查或检查错误一项扣2分		
		2. 扣子完整，能正常使用	□完好 □损坏			
3	安全鞋	外观完整，能正常使用	□完好 □损坏	按检查标准开展检查，少检查或检查错误一项扣2分		
4	旋具	1. 外观完整，无损坏	□完好 □损坏	按检查标准开展检查，少检查或检查错误一项扣2分		
		2. 工作部分没有损坏，能正常使用	□完好 □损坏			
5	活扳手	1. 固定扳口完整，无损坏	□完好 □损坏	按检查标准开展检查，少检查或检查错误一项扣2分		
		2. 调节蜗杆无锈斑，运动灵活	□完好 □损坏			
		3. 活动扳口完整，无损坏	□完好 □损坏			
6	剥线钳	1. 外观完整，无损坏	□完好 □损坏	1. 说出剥线钳的组成和读数方法，少说或说错一个扣2分 2. 按检查标准开展检查，少检查或检查错误一项扣2分 3. 线孔，少测或测量错误一个扣2分		
		2. 钳口无锈斑、污渍	□完好 □损坏			
		3. 回弹顺畅	□完好 □损坏			
7	验电笔	外观完整，能正常使用	□完好 □损坏	1. 说出验电笔的组成，少说或说错一个扣2分 2. 按检查标准开展检查，少检查或检查错误一项扣2分		

续表

序号	工具、仪表名称	检查标准	检查结果	评分标准	评分1	评分2
8	斜口钳	1. 外观完好，无损坏	□完好 □损坏	按检查标准开展检查，少检查或检查错误一项扣 2 分		
		2. 钳口片无锈斑、污渍	□完好 □损坏			
		3. 回弹顺畅	□完好 □损坏			
9	卷尺	1. 外观完好，无损坏	□完好 □损坏	按检查标准开展检查，少检查或检查错误一项扣 2 分		
		2. 刻度清晰，能正常读数	□完好 □损坏			
		3. 无折弯，能正常使用	□完好 □损坏			
10	直尺	1. 外观完好，无损坏	□完好 □损坏	按检查标准开展检查，少检查或检查错误一项扣 2 分		
		2. 刻度清晰，能正常读数	□完好 □损坏			
		3. 无折弯，能正常使用	□完好 □损坏			
11	万用表	1. 外观完好，无损坏	□完好 □损坏	按检查标准开展检查，少检查或检查错误一项扣 2 分		
		2. 电阻挡正常	□完好 □损坏			
		3. 直流电压挡正常	□完好 □损坏			
		4. 交流电压挡正常	□完好 □损坏			
		5. 零配件齐全	□齐全 □缺少			
		6. 电池电量充足	□充足 □欠缺			

续表

序号	工具、仪表名称	检查标准	检查结果	评分标准	评分1	评分2
12	钳形表	1．外观完好，无损坏	□完好 □损坏	按检查标准开展检查，少检查或检查错误一项扣2分		
		2．钳口无锈蚀	□完好 □损坏			
		3．钳口运行灵活	□完好 □损坏			
		4．电池电量充足	□充足 □欠缺			
13	绝缘表	1．外观完好，无损坏	□完好 □损坏	1．按检查标准开展检查，少检查或检查错误一项扣2分 2．测量电动机线圈的绝缘电阻，测量错误或读数错误一项扣2分		
		2．零配件齐全	□齐全 □缺少			
		3．开路实验正常	□完好 □损坏			
		4．短路实验正常	□完好 □损坏			
14	电烙铁	1．外观完好，无损坏	□完好 □损坏	按检查标准开展检查，少检查或检查错误一项扣2分		
		2．烙铁头光亮，无锈斑	□完好 □损坏			
		3．通电有温升	□完好 □损坏			
15	接地电阻仪	1．外观完好，无损坏	□完好 □损坏	按检查标准开展检查，少检查或检查错误一项扣2分		
		2．表头指针正常，无弯曲	□完好 □损坏			
		3．3根连接线正常	□完好 □损坏			
		4．2根钢钎正常	□完好 □损坏			
职业素养		1．按照安全规程开展工作 2．能按时完成检查 3．参与过程积极、主动		根据实际情况扣减分数		
总分（100分）						

二、安装电梯控制柜（检修点动运行）

依据布局图、接线表，实施电梯控制柜元器件安装，并填写电梯控制柜元器件安装情况记录表。

电梯控制柜元器件安装情况记录表

1．工作人员信息

安装人		时间	

2．工作内容及完成情况

<table>
<tr><th>序号</th><th>安装项目名称</th><th>安装步骤</th><th>技术要求</th><th>完成情况</th></tr>
<tr><td rowspan="2">1</td><td rowspan="2">导轨</td><td>导轨横向安装于网孔板上的合适位置</td><td rowspan="2">1．横向安装
2．方便元器件安装</td><td rowspan="2">□完成
□未完成</td></tr>
<tr><td>用螺栓固定</td></tr>
<tr><td>2</td><td>线槽</td><td>将线槽横向和纵向安装于网孔板上线束集中的位置，用螺栓固定</td><td>横向和纵向安装，横平竖直、排列整齐、匀称，便于走线</td><td>□完成
□未完成</td></tr>
<tr><td rowspan="3">3</td><td>漏电断路器</td><td rowspan="3">将元器件装在导轨上</td><td rowspan="3">1．各元件的安装位置应该整齐、匀称、间距合理，便于元件的更换
2．各元件安装紧固牢靠，无损坏</td><td rowspan="3">□完成
□未完成</td></tr>
<tr><td>熔断器</td></tr>
<tr><td>接触器</td></tr>
<tr><td>4</td><td>热继电器</td><td>直接固定在网孔板上</td><td>1．盖板不可打开，以防灰尘侵入影响动作性能
2．必须与安装面垂直，其倾斜角度一般不超过5°；距其他电气元件的距离，一般不小于50 mm，并尽量放在其他电气元件下面，以免受到其他电气元件的发热影响
3．热继电器上所有用红漆涂封的螺栓均不得随意拧动，否则将使保护性能改变
4．安装时，各部接线应牢固可靠，连接良好，否则将影响保护性能</td><td>□完成
□未完成</td></tr>
</table>

续表

序号	安装项目名称	安装步骤	技术要求	完成情况
5	按钮控制板	将启动按钮、停止按钮、急停按钮、紧急运行开关安装在按钮控制板上	各按钮安装紧固牢靠，无损坏	□完成 □未完成
6	控制端子排	将端子排固定在网孔板最下端的合适位置，用螺栓固定	1．选取额定电流 10 A 的端子排 2．安装需紧固牢靠	□完成 □未完成
7	导线	制作接线鼻	导线两端应配接线鼻	□完成 □未完成
		安装线号管	导线两端套应安装与电路图编号一致的线号管，且标号标识清晰，无漏套、少套、错套现象	
		将导线连接到元件端子上	导线与元件端子连接应紧固牢靠、接触良好	
		将线束放入线槽	同一元器件接线端子上的连接导线不得超过两根，导线中间无接头	
8	元器件标识	打印并粘贴元器件标号	1．标号应完整、清晰、粘贴牢固 2．标号粘贴位置应明确、醒目，并尽可能一致	□完成 □未完成
9	接地处理	选取黄绿相间的软线将元器件上的接地端连接到柜体固定的接地处	1．连接柜体接地处（红圈处）时要加弹性垫圈，防止因油漆问题导致接触不良 2．连接软线要尽可能短	□完成 □未完成
10	指示灯	将指示灯安装在控制板上	指示灯安装坚固、牢靠，无损坏	□完成 □未完成

学习活动 5　质量检查与试运行

学习目标

1. 能进行元器件安装、接线、绝缘质量检查。
2. 能进行通电试运行。
3. 能对电梯柜元器件安装故障进行诊断与排除。

建议学时　4 学时

学习过程

一、元器件安装、接线、绝缘质量检查

根据电梯控制柜元器件安装任务单，电梯控制柜安装布局图、接线表，对电梯控制柜元器件安装、接线、绝缘质量进行检查，并填写电梯控制柜元器件安装、接线、绝缘质量检查表。

电梯控制柜元器件安装、接线、绝缘质量检查表

1．工作人员信息

安装人		检查人		检查时间	

2．工作内容及完成情况

序号	检查项目	检查内容	检查结果	存在问题
1	导轨	1．横向安装 2．方便元器件安装	□合格　□不合格	
2	线槽	1．横向或纵向安装 2．横平竖直、排列整齐、匀称，便于走线	□合格　□不合格	

续表

序号	检查项目	检查内容	检查结果	存在问题
3	元器件	元器件的型号规格与要求一致	□合格　□不合格	
		元器件的动合、动断触点接触良好	□合格　□不合格	
		线缆配接可靠，无松脱、虚接现象	□合格　□不合格	
		熔断器完好无损	□合格　□不合格	
		热继电器整定值与要求一致	□合格　□不合格	
4	接线	导线配有接线鼻	□合格　□不合格	
		导线两端有与电路图编号一致的线号管，且标号标识清晰，无漏套、少套、错套现象		
		导线与元件端子连接紧固牢靠、接触良好		
		同一元件接线端子上的连接导线不超过两根，且导线中间没有接头		
5	元器件标识	标号完整、清晰、牢固，标号粘贴位置明确、醒目，且基本一致	□合格　□不合格	
6	接地	接地电阻测量值	□合格　□不合格	
7	绝缘	绝缘电阻测量值	□合格　□不合格	

二、通电试运行

在完成元器件安装、接线、绝缘质量检查后，应进行通电试运行。为保证人身安全，在通电试运行时，要认真执行国家安全操作规程的相关规定，一人监护，一人操作，同时做好通电试运行情况记录工作，填写通电试运行记录表。

通电试运行记录表

通电试运行结果：	□一次成功　□二次成功　□多次成功
故障现象	

三、电梯控制柜元器件安装故障的诊断与排除

电梯控制柜元器件通电试运行时如出现故障，可参照相关资料进行故障诊断与排除，并将故障诊断与排除过程填写到安装故障诊断与排除记录表中。

安装故障诊断与排除记录表

序号	故障类型	解决方法	排除后情况
1			□正常运行 □故障未排除
2			□正常运行 □故障未排除
3			□正常运行 □故障未排除
4			□正常运行 □故障未排除
5			□正常运行 □故障未排除

学习活动 6　工作总结与评价

学习目标

1. 能按分组情况，派代表展示工作成果，说明本次任务的完成情况，并做分析总结。

2. 能结合任务完成情况，正确规范地撰写工作总结，对学习与工作进行反思。

3. 能就本次任务中出现的问题提出改进措施。

4. 能与他人开展良好合作，进行有效沟通。

建议学时　2 学时

学习过程

一、个人、小组评价

以小组为单位，选择演示文稿、展板、海报、视频等形式中的一种或几种，向全班展示安装成果。在展示的过程中，以小组为单位进行评价；评价完成后，根据其他小组成员对本组展示成果的评价意见进行归纳总结。

汇报思路设计：

其他小组成员的评价意见：

二、教师评价

认真听取教师对本小组展示成果优缺点以及在完成任务过程中出现的亮点和不足的评价意见，并做好记录。

1．教师对本小组展示成果优点的点评。

2．教师对本小组展示成果缺点及改进方法的点评。

3．教师对本小组在整个任务完成过程中出现的亮点和不足的点评。

三、工作过程回顾及总结

1．在团队学习过程中，项目负责人给你分配了哪些工作任务？你是如何完成的？还有哪些需要改进的地方？

2．总结完成电梯控制柜元器件安装任务过程中遇到的问题和困难，列举 2 ～ 3 点你认为比较值得与其他同学分享的工作经验。

3．回顾本学习任务的工作过程，对新学专业知识和技能进行归纳和整理，撰写工作总结。

评价与分析

按照客观、公正和公平原则，在教师的指导下按自我评价、小组评价和教师评价三种方式对自己或他人在本学习任务中的表现进行综合评价。综合等级按：A（90 ~ 100）、B（75 ~ 89）、C（60 ~ 74）、D（0 ~ 59）四个级别进行填写。

学习任务综合评价表

考核项目	评价内容	配分	评价分数		
			自我评价	小组评价	教师评价
职业素养	劳动保护用品穿戴完备，仪容仪表符合工作要求	5 分			
	安全意识、责任意识、服从意识强	6 分			
	积极参加教学活动，按时完成各项学习任务	6 分			
	团队合作意识强，善于与人交流和沟通	6 分			
	自觉遵守劳动纪律，尊敬师长，团结同学	6 分			
	爱护公物，节约材料，管理现场符合 6S 标准	6 分			
专业能力	专业知识扎实，有较强的自学能力	10 分			
	操作积极，训练刻苦，具有一定的动手能力	15 分			
	技能操作规范，注重安装工艺，工作效率高	10 分			
工作成果	电梯控制柜元器件安装符合工艺规范，安装质量高	20 分			
	工作总结符合要求	10 分			
总分		100 分			
总评	自我评价 ×20%+ 小组评价 ×20%+ 教师评价 ×60%=	综合等级	教师（签名）：		

学习任务二　餐梯拖动线路的安装

学习目标

1. 能识读拖动线路安装任务单，明确安装任务。
2. 熟悉三相异步电动机和变压器的基本知识。
3. 能识读餐梯拖动线路电路图，绘制餐梯拖动线路元器件布局图，填写安装接线表。
4. 能按照技术要求完成餐梯拖动线路的安装。
5. 能对餐梯拖动线路的安装质量进行检查并通电试运行。
6. 能对餐梯拖动线路安装结果进行检查验收。
7. 能完成餐梯拖动线路安装的工作总结与评价。

建议学时

104 学时

工作情境描述

某餐厅新购两部 4 层 /4 站、速度 0.1 m/s、载重 100 kg 的餐梯，前期已完成餐梯整机的机械安装，现需对餐梯拖动线路进行安装调试。要求按照安装任务单的要求，完成餐梯拖动线路的安装与接线工作，并通电调试。安装过程需严格遵循国家电梯行业相关电气标准和安全法规，线路安装完成后须进行质量自检与验收，两周内完成。

工作流程与活动

学习活动 1　明确工作任务（2 学时）

学习活动 2　安装前的工作准备（10 学时）

学习活动 3　餐梯检修运行线路的安装实施（24 学时）

学习活动 4　餐梯上下行线路的安装实施（20 学时）

学习活动 5　餐梯限位控制线路的安装实施（20 学时）

学习活动 6　餐梯启动运行线路的安装实施（20 学时）

学习活动 7　检查验收（6 学时）

学习活动 8　工作总结与评价（2 学时）

学习活动1　明确工作任务

学习目标

1. 能识读餐梯拖动线路安装任务单，明确安装任务。
2. 熟悉餐梯拖动线路的基本知识。

建议学时　2学时

学习过程

一、识读餐梯拖动线路安装任务单，明确安装任务

电梯安装作业人员从项目组长处领取餐梯拖动线路安装任务单，读取安装项目、日期、地点等相关信息，并根据安装任务单，完成餐梯拖动线路安装信息表的填写。

餐梯拖动线路安装任务单

<table>
<tr><td>合同编号</td><td colspan="5">×××××</td></tr>
<tr><td>使用单位</td><td colspan="3">某酒店</td><td>联系人</td><td>张×</td></tr>
<tr><td>工程地址</td><td colspan="3">将军路3号</td><td>电话号码</td><td>136××××××××</td></tr>
<tr><td>施工类别</td><td colspan="3">安装☑　维修□　改造□</td><td>施工日期</td><td>2019/06/12</td></tr>
<tr><td>设备名称</td><td colspan="3">餐梯拖动线路</td><td>额定载重量</td><td>100 kg</td></tr>
<tr><td>速度</td><td>0.1 m/s</td><td>提升高度</td><td>16 m</td><td>台数</td><td>1</td></tr>
<tr><td>施工人员</td><td colspan="5"></td></tr>
<tr><td>负责人</td><td colspan="5"></td></tr>
<tr><td>序号</td><td colspan="2">安装项目</td><td colspan="2">安装工期</td><td>备注</td></tr>
<tr><td>1</td><td colspan="2">餐梯检修运行线路安装</td><td colspan="2">24学时</td><td></td></tr>
<tr><td>2</td><td colspan="2">餐梯上下行线路安装</td><td colspan="2">20学时</td><td></td></tr>
</table>

续表

序号	安装项目	安装工期	备注
3	餐梯限位控制线路安装	20 学时	
4	餐梯启动线路安装	20 学时	
5			
6			
7			
8			
签发人	王 ×	日期	2019/07/15

餐梯拖动线路安装信息表

1．工作人员信息

安装人		时间	

2．餐梯基本信息

餐梯类型		餐梯型号	
用户单位		用户地址	
联系人		联系电话	

序号	安装项目	遵循规范	安装目标
1			
2			
3			
4			
5			
6			
7			
8			
9			
10			

二、认识餐梯拖动线路

通过查阅相关教材和网络资料，了解餐梯拖动线路的种类、基本组成及特点。

1．什么是拖动线路?

2．拖动线路的基本组成是什么?

3．餐梯拖动线路一般分为哪几种?

4．不同种类的餐梯拖动线路各自有哪些特点?

学习活动 2　安装前的工作准备

学习目标

1. 熟悉三相异步电动机的基本知识。
2. 能进行电动机绕组和绝缘电阻阻值的测量。
3. 熟悉变压器的基本知识。
4. 能进行变压器初级绕组、次级绕组阻值的测量。

建议学时　10 学时

学习过程

一、认识三相异步电动机

1．三相异步电动机的结构

三相异步电动机的种类较多，但其基本结构差别不大，都由定子和转子两大基本部件组成。在定子和转子之间具有一定气隙，此外还有基座、端盖、轴承、接线盒、风罩等其他部件。

三相异步电动机的外形

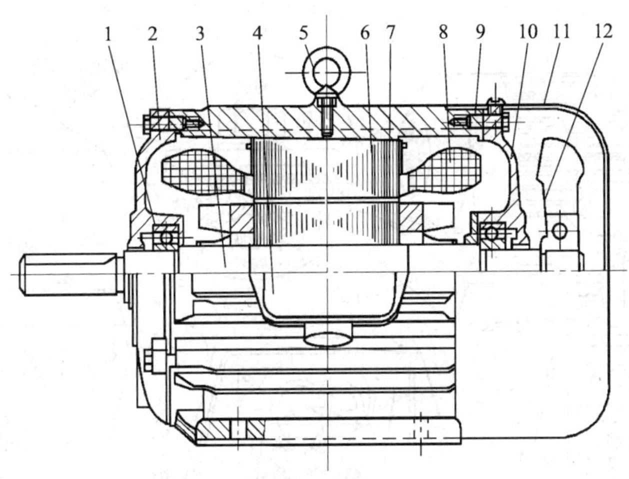

三相异步电动机的结构

1—轴承　2—前端盖　3—转轴　4—接线盒　5—吊环　6—定子　7—转子　8—定子绕组　9—基座　10—后端盖　11—风罩　12—风扇

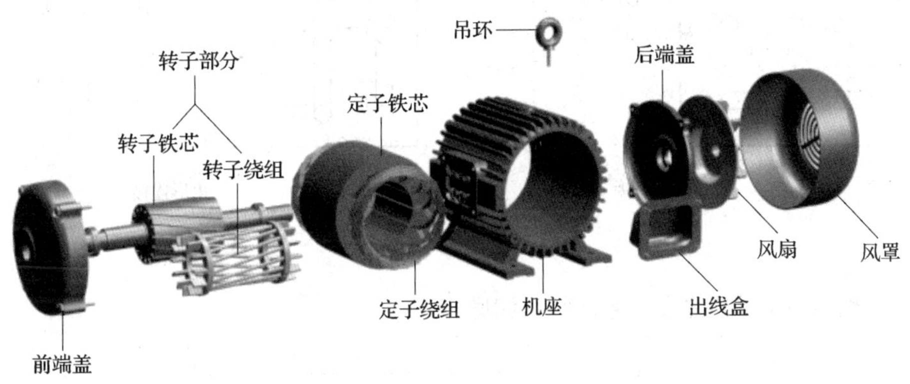

三相异步电动机主要部件拆分图

2．三相异步电动机的工作原理

三相异步电动机通过在定子绕组中接入三相交流电产生的旋转磁场与转子绕组中的感应电流相互作用产生的电磁力形成电磁力矩，驱动转子转动，从而使电动机工作。

3．三相异步电动机的接线方式

三相异步电动机的接线方式主要有星形（Y）和三角形（△）两种。

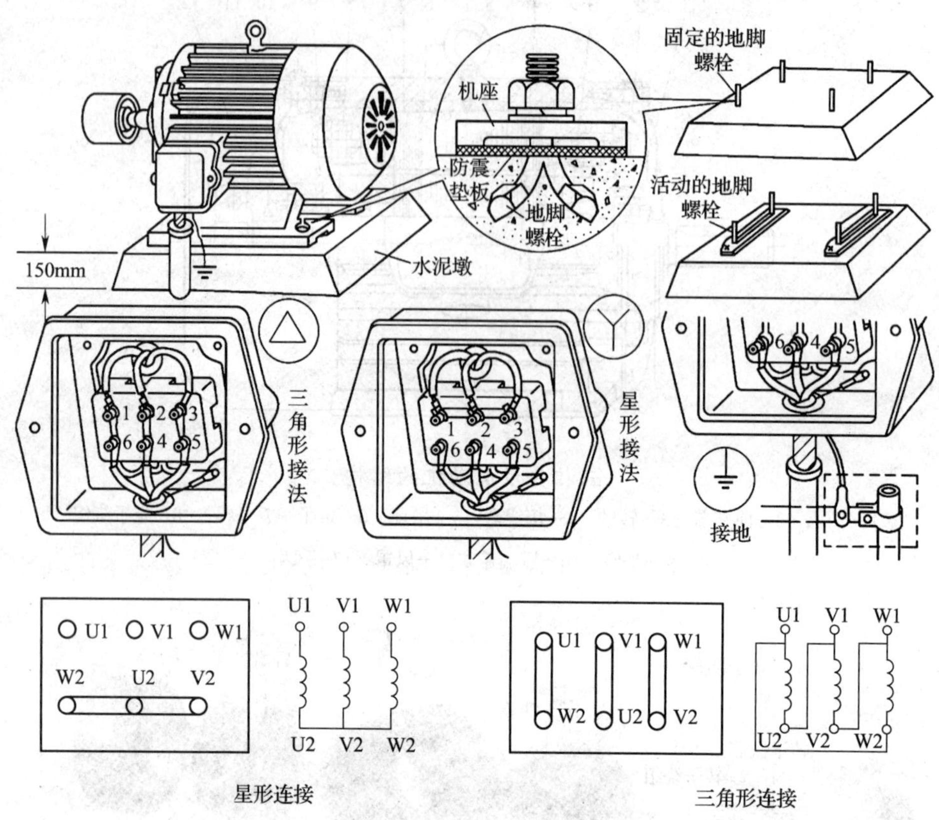

三相异步电动机的接线方式

4．三相异步电动机主要参数及绕组测量

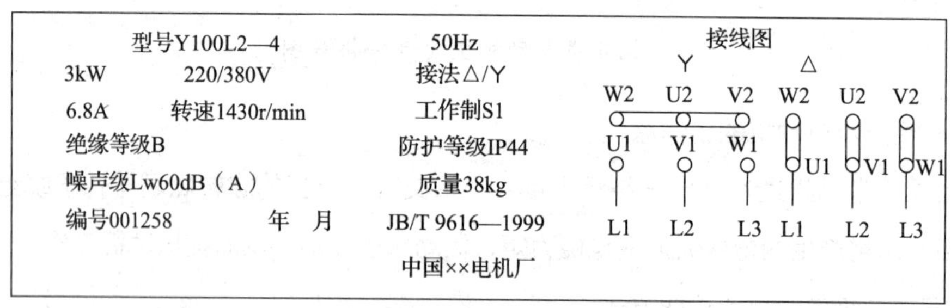
型号Y100L2—4　50Hz
3kW　220/380V　接法△/Y
6.8A　转速1430r/min　工作制S1
绝缘等级B　防护等级IP44
噪声级Lw60dB（A）　质量38kg
编号001258　年　月　JB/T 9616—1999
中国××电机厂
接线图
Y　△
W2 U2 V2 W2 U2 V2
U1 V1 W1 U1 V1 W1
L1 L2 L3 L1 L2 L3

某三相异步电动机的铭牌

按照实际配套电动机的铭牌填写下列表格中的主要参数（额定功率、转速、电压、电流、频率等），并使用万用表和绝缘电阻表（兆欧表）测量电动机绕组和绝缘电阻的阻值。

<table>
<tr><th>名称</th><th>电动机型号</th><th>主要参数</th></tr>
<tr><td>三相
异步
电动机</td><td></td><td></td></tr>
<tr><td rowspan="5">测量
电动
机绕
组与
绝缘
电阻</td><td colspan="2">U 相绕组：</td></tr>
<tr><td colspan="2">V 相绕组：</td></tr>
<tr><td colspan="2">W 相绕组：</td></tr>
<tr><td colspan="2">相间绝缘电阻：</td></tr>
<tr><td colspan="2">相地绝缘电阻：</td></tr>
</table>

注意：如电动机的绝缘电阻小于 0.5 MΩ，则不能使用。

二、认识变压器

变压器是一种静止的电气设备，根据电磁感应原理，它能将一种形态的交流电能转换成另一种形态的交流电能。目前应用比较广泛的变压器主要有单相变压器和三相变压器两种。

1．变压器的分类

根据变压器的用途不同，变压器通常可分为电力变压器（升压、降压、配电）、特种变压器、控制变压器、仪用互感器、实验用变压器等。根据下表中所列变压器的图片，填出对应变压器的名称。

常见变压器的分类

图片	名称	图片	名称
	电力变压器		

续表

图片	名称	图片	名称

2．变压器的结构与工作原理

变压器主要由闭合铁芯、初级绕组（初级线圈）、次级绕组（次级线圈）、器身及其他部件组成。

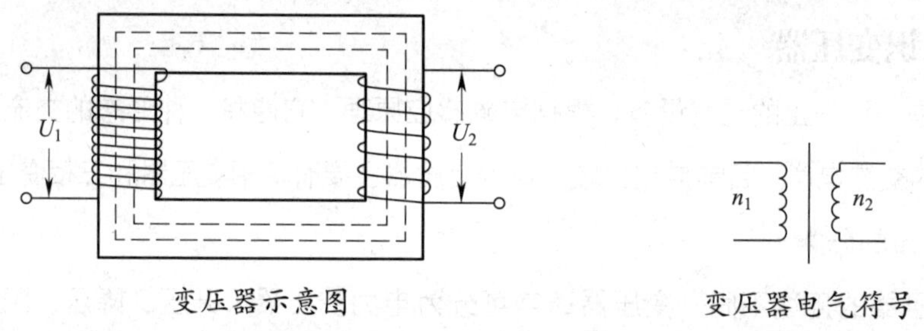

变压器示意图　　变压器电气符号

互感现象是变压器的工作基础。当初级绕组接上交流电，闭合铁芯中就会产生变化的磁通，使次级绕组产生感应电压（电流）。如果次级绕组侧连接负载，次级绕组中将有电流通过，同时反映到初级绕组产生感应电动势。

理想变压器的变压规律：$U_1/U_2=n_1/n_2$。

理想变压器的变流规律：$I_1/I_2=n_2/n_1$。

3．变压器的主要参数及绕组测量

每台变压器都有一个铭牌，上面标注着变压器的型号、容量、额定值及其他参数，以便于用户了解变压器的运行性能。

按照实际配套变压器铭牌填写下列表格中的主要参数（额定容量、额定电压、额定电流、额定频率等），并使用万用表测量变压器初级绕组和次级绕组的阻值。

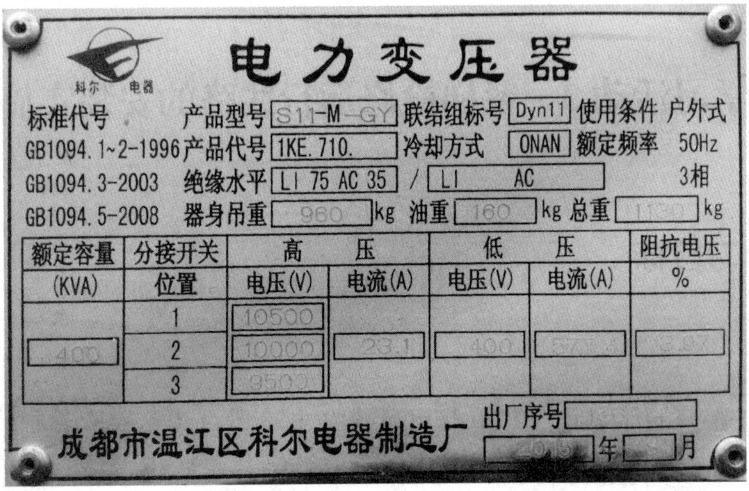

某变压器的铭牌

名称	型号	主要参数	阻值
单相控制变压器			初级绕组：
			次级绕组：

学习活动3 餐梯检修运行线路的安装实施

学习目标

1. 能识读餐梯检修运行线路电路图，认识检修运行线路的结构组成及其工作原理。

2. 能绘制餐梯检修运行线路元器件布局图，填写安装材料清单和接线表。

3. 能根据技术要求完成餐梯检修运行线路的安装，并填写安装情况记录表。

4. 能对餐梯检修运行线路的安装质量进行检查。

5. 能通电试运行，并能对常见的餐梯检修运行线路故障进行诊断与排除。

建议学时 24学时

学习过程

一、识读餐梯检修运行线路电路图

识读餐梯检修运行线路电路图，按要求绘制餐梯检修运行线路电气原理图并填写电路结构认识记录表。

餐梯检修运行线路电气原理图：

电路结构认识记录表

电路构成	元器件名称及代号	用途及作用
主回路		
控制回路		

简述餐梯检修运行线路的工作原理：

二、制订工作计划和实施步骤

制订工作计划和实施步骤，明确分工责任和完成时间。

工作计划与实施步骤：

班级		姓名	
安装任务		完成时间	
小组成员		负责人	

三、填写餐梯检修运行线路安装材料清单

根据线路安装技术要求，填写餐梯检修运行线路安装材料清单，并核对所需的电工工具和仪器仪表。

餐梯检修运行线路安装材料清单

序号	元器件名称	型号规格	图形符号	数量	备注
1	自动断路器	DZ47LE-32	QF	1	
2					
3					
4					
5					
6					
7					
8					
9					
10					
11					
12					
13					
14					
15					
16					
17					
18					
19					
20					
21					
22					
23					
24					
25					
电工工具					
仪器仪表					

四、绘制元器件布局图并填写安装接线表

根据餐梯检修运行线路电气原理图，按要求绘制餐梯检修运行线路元器件布局图，并填写餐梯检修运行线路安装接线表。

餐梯检修运行线路元器件布局图：

餐梯检修运行线路安装接线表

导线号	线缆规格型号	颜色	长度 cm	数量	连接点Ⅰ		连接点Ⅱ		备注
					设备代号	端子号	设备代号	端子号	
1	1.5 mm^2 BVR	黑	30	1	QF	L1	KM	1/L1	

续表

导线号	线缆规格型号	颜色	长度cm	数量	连接点Ⅰ		连接点Ⅱ		备注
					设备代号	端子号	设备代号	端子号	

五、安装餐梯检修运行线路

根据餐梯拖动线路安装技术要求，按照元件布局图和安装接线表完成餐梯检修运行线路安装。安装过程需符合国家相关行业的安全规范和工艺标准，并填写餐梯检修运行线路安装情况记录表。

餐梯检修运行线路安装情况记录表

安装内容	安装规范与工艺	安装结果	配分	自评	师评
元器件布置	各元器件的安装位置应整齐、匀称、间距合理，便于元器件更换	□合格 □不合格	30分		
	各元器件安装紧固牢靠、无损坏	□合格 □不合格			
	线槽应横平竖直、排列整齐、匀称，便于走线	□合格 □不合格			

续表

安装内容	安装规范与工艺	安装结果	配分	自评	师评
布线	布线横平竖直、间距均匀，变换走向垂直无倒角	□合格 □不合格	30 分		
	同一平面的导线高低或前后一致、同路并行、分类集中、无交叉，布线合理	□合格 □不合格			
	线芯和导线无断接、露铜、绝缘损坏现象	□合格 □不合格			
	无漏线、少线情况，与电路图保持一致	□合格 □不合格			
接线	导线应配有接线鼻，导线两端有与电路图编号一致的线号管，且标号标识清晰，无漏套、少套、错套现象	□合格 □不合格	30 分		
	导线连接无压绝缘层、无反圈、无露铜过长	□合格 □不合格			
	同一元器件接线端子上的连接导线不得超过两根，导线中间没有接头	□合格 □不合格			
	导线无漏接、少接、错接现象	□合格 □不合格			
安全操作	安装接线过程注意安全，不带电操作、不超时	□合格 □不合格	10 分		
评价					

师评等级	总分

六、餐梯检修运行线路安装质量自检

餐梯检修运行线路安装完成后，应根据餐梯拖动线路安装任务单、元器件布局图和安装接线表，对该部分线路安装质量进行自检，并填写餐梯检修运行线路安装质量检查记录表。

餐梯检修运行线路安装质量检查记录表

检查项目	检查内容	检查结果	存在的问题
常规检查	元器件的型号规格、参数与要求一致	□正常 □异常	
	元器件的动合、动断触点接触良好	□正常 □异常	
	线缆配接可靠，标号标识清晰，无松脱、虚接现象	□正常 □异常	
	熔断器完好无损	□正常 □异常	
	热继电器整定值与要求一致	□正常 □异常	
主线路检查	主线路各项电气参数测量：	□正常 □异常	
控制线路检查	控制线路各项电气参数测量：	□正常 □异常	
接地和绝缘检查	接地电阻： 绝缘电阻：	□正常 □异常	

七、通电试运行及故障诊断与排除

在完成餐梯检修运行线路安装质量检查后，应进行通电试运行。为保证人身安全，在通电试运行时，要认真执行国家安全操作规程的相关规定，一人监护，一人操作，同时做好通电试运行情况记录工作，填写通电试运行记录表。

通电试运行记录表

通电试运行结果：	□一次成功 □二次成功 □多次成功
故障现象	

通电试运行时如出现故障，可参照相关资料进行故障诊断与排除，并将故障诊断与排除过程填写到安装故障诊断与排除记录表中。

安装故障诊断与排除记录表

序号	故障类型	解决方法	排除后情况
1			□正常运行 □故障未排除
2			□正常运行 □故障未排除
3			□正常运行 □故障未排除
4			□正常运行 □故障未排除
5			□正常运行 □故障未排除

学习活动4 餐梯上下行线路的安装实施

学习目标

1. 能识读餐梯上下行线路电路图，认识上下行线路的结构组成及其工作原理。

2. 能绘制餐梯上下行线路元器件布局图，填写安装材料清单和接线表。

3. 能根据技术要求完成餐梯上下行线路的安装，并填写安装情况记录表。

4. 能对餐梯上下行线路的安装质量进行检查。

5. 能通电试运行，并能对常见的餐梯上下行线路故障进行诊断与排除。

建议学时 20学时

学习过程

一、识读餐梯上下行线路电路图

识读餐梯上下行线路电路图，按要求绘制餐梯上下行线路电气原理图并填写电路结构认识记录表。

餐梯上下行线路电气原理图：

电路结构认识记录表

电路构成	元器件名称及代号	用途及作用
主回路		
控制回路		

简述餐梯上下行线路的工作原理：

二、制订工作计划和实施步骤

制订工作计划和实施步骤，明确分工责任和完成时间。

工作计划与实施步骤：

班级		姓名	
安装任务		完成时间	
小组成员		负责人	

三、填写餐梯上下行线路安装材料清单

根据线路安装技术要求，填写餐梯上下行线路安装材料清单，并核对所需的电工工具和仪器仪表。

餐梯上下行线路安装材料清单

序号	元器件名称	型号规格	图形符号	数量	备注
1					
2					
3					
4					
5					
6					
7					
8					
9					
10					
11					
12					
13					
14					
15					
16					
17					
18					
19					
20					
21					
22					
23					
24					
25					
电工工具					
仪器仪表					

四、绘制元器件布局图并填写安装接线表

根据餐梯上下行线路电气原理图，按要求绘制餐梯上下行线路元器件布局图，并填写餐梯上下行线路安装接线表。

餐梯上下行线路元器件布局图：

餐梯上下行线路安装接线表

导线号	线缆规格型号	颜色	长度 cm	数量	连接点Ⅰ		连接点Ⅱ		备注
					设备代号	端子号	设备代号	端子号	

续表

导线号	线缆规格型号	颜色	长度 cm	数量	连接点Ⅰ		连接点Ⅱ		备注
					设备代号	端子号	设备代号	端子号	

五、安装餐梯上下行线路

根据餐梯拖动线路安装技术要求，按照元器件布局图和安装接线表完成餐梯上下行线路安装。安装过程需符合国家相关行业的安全规范和工艺标准，并填写餐梯上下行线路安装情况记录表。

餐梯上下行线路安装情况记录表

安装内容	安装规范与工艺	安装结果	配分	自评	师评
元器件布置	各元器件的安装位置应整齐、匀称、间距合理，便于元器件更换	□合格 □不合格	30 分		
	各元器件安装紧固牢靠、无损坏	□合格 □不合格			
	线槽应横平竖直、排列整齐、匀称，便于走线	□合格 □不合格			

续表

安装内容	安装规范与工艺	安装结果	配分	自评	师评
布线	布线横平竖直、间距均匀，变换走向垂直无倒角	□合格 □不合格	30 分		
	同一平面的导线高低或前后一致、同路并行、分类集中、无交叉，布线合理	□合格 □不合格			
	线芯和导线无断接、露铜、绝缘损坏现象	□合格 □不合格			
	无漏线、少线情况，与电路图保持一致	□合格 □不合格			
接线	导线应配有接线鼻，导线两端有与电路图编号一致的线号管，且标号标识清晰，无漏套、少套、错套现象	□合格 □不合格	30 分		
	导线连接无压绝缘层、无反圈、无露铜过长	□合格 □不合格			
	同一元器件接线端子上的连接导线不得超过两根，导线中间没有接头	□合格 □不合格			
	导线无漏接、少接、错接现象	□合格 □不合格			
安全操作	安装接线过程注意安全，不带电操作、不超时	□合格 □不合格	10 分		
评价					
师评等级			总分		

六、餐梯上下行线路安装质量自检

餐梯上下行线路安装完成后，应根据餐梯拖动线路安装任务单、元器件布局图和安装接线表，对该部分线路安装质量进行自检，并填写餐梯上下行线路安装质量检查记录表。

餐梯上下行线路安装质量检查记录表

检查项目	检查内容	检查结果	存在的问题
常规检查	元器件的型号规格、参数与要求一致	□正常 □异常	
	元器件的动合、动断触点接触良好	□正常 □异常	
	线缆配接可靠，标号标识清晰，无松脱、虚接现象	□正常 □异常	
	熔断器完好无损	□正常 □异常	
	热继电器整定值与要求一致	□正常 □异常	
主线路检查	主线路各项电气参数测量：	□正常 □异常	
控制线路检查	控制线路各项电气参数测量：	□正常 □异常	
接地和绝缘检查	接地电阻： 绝缘电阻：	□正常 □异常	

七、通电试运行及故障诊断与排除

在完成餐梯上下行线路安装质量检查后，应进行通电试运行。为保证人身安全，在通电试运行时，要认真执行国家安全操作规程的相关规定，一人监护，一人操作，同时做好通电试运行情况记录工作，填写通电试运行记录表。

通电试运行记录表

通电试运行结果：	□一次成功 □二次成功 □多次成功
故障现象	

通电试运行时如出现故障，可参照相关资料进行故障诊断与排除，并将故障诊断与排除过程填写到安装故障诊断与排除记录表中。

安装故障诊断与排除记录表

序号	故障类型	解决方法	排除后情况
1			□正常运行 □故障未排除
2			□正常运行 □故障未排除
3			□正常运行 □故障未排除
4			□正常运行 □故障未排除
5			□正常运行 □故障未排除

学习活动 5　餐梯限位控制线路的安装实施

学习目标

1. 能识读餐梯限位控制线路电路图，认识限位控制线路的结构组成及其工作原理。

2. 能绘制餐梯限位控制线路元器件布局图，填写安装材料清单和接线表。

3. 能根据技术要求完成餐梯限位控制线路的安装，并填写安装情况记录表。

4. 能对餐梯限位控制线路的安装质量进行检查。

5. 能通电试运行，并能对常见的餐梯限位控制线路故障进行诊断与排除。

建议学时　20 学时

学习过程

一、识读餐梯限位控制线路电路图

识读餐梯限位控制线路电路图，按要求绘制餐梯限位控制线路电气原理图并填写电路结构认识记录表。

餐梯限位控制线路电气原理图：

电路结构认识记录表

电路构成	元器件名称及代号	用途及作用
主回路		
控制回路		

简述餐梯限位控制线路的工作原理：

二、制订工作计划和实施步骤

制订工作计划和实施步骤，明确分工责任和完成时间。

工作计划与实施步骤：

班级		姓名	
安装任务		完成时间	
小组成员		负责人	

三、填写餐梯限位控制线路安装材料清单

根据线路安装技术要求，填写餐梯限位控制线路安装材料清单，并核对所需的电工工具和仪器仪表。

餐梯限位控制线路安装材料清单

序号	元器件名称	型号规格	图形符号	数量	备注
1					
2					
3					
4					
5					
6					
7					
8					
9					
10					
11					
12					
13					
14					
15					
16					
17					
18					
19					
20					
21					
22					
23					
24					
25					
电工工具					
仪器仪表					

四、绘制元器件布局图并填写安装接线表

根据餐梯限位控制线路电气原理图，按要求绘制餐梯限位控制线路元器件布局图，并填写餐梯限位控制线路安装接线表。

餐梯限位控制线路元器件布局图：

餐梯限位控制线路安装接线表

导线号	线缆规格型号	颜色	长度 cm	数量	连接点Ⅰ		连接点Ⅱ		备注
					设备代号	端子号	设备代号	端子号	

续表

导线号	线缆规格型号	颜色	长度cm	数量	连接点Ⅰ		连接点Ⅱ		备注
					设备代号	端子号	设备代号	端子号	

五、安装餐梯限位控制线路

根据餐梯拖动线路安装技术要求，按照元器件布局图和安装接线表完成餐梯限位控制线路安装。安装过程需符合国家相关安全规范和工艺标准，并填写餐梯限位控制线路安装情况记录表。

餐梯限位控制线路安装情况记录表

安装内容	安装规范与工艺	安装结果	配分	自评	师评
元器件布置	各元器件的安装位置应整齐、匀称、间距合理，便于元器件更换	□合格 □不合格	30分		
	各元器件安装紧固牢靠、无损坏	□合格 □不合格			
	线槽应横平竖直、排列整齐、匀称，便于走线	□合格 □不合格			

续表

安装内容	安装规范与工艺	安装结果	配分	自评	师评
布线	布线横平竖直、间距均匀，变换走向垂直无倒角	□合格 □不合格	30 分		
	同一平面的导线高低或前后一致、同路并行、分类集中、无交叉，布线合理	□合格 □不合格			
	线芯和导线无断接、露铜、绝缘损坏现象	□合格 □不合格			
	无漏线、少线情况，与电路图保持一致	□合格 □不合格			
接线	导线应配有接线鼻，导线两端有与电路图编号一致的线号管，且标号标识清晰，无漏套、少套、错套现象	□合格 □不合格	30 分		
	导线连接无压绝缘层、无反圈、无露铜过长	□合格 □不合格			
	同一元器件接线端子上的连接导线不得超过两根，导线中间没有接头	□合格 □不合格			
	导线无漏接、少接、错接现象	□合格 □不合格			
安全操作	安装接线过程注意安全，不带电操作、不超时	□合格 □不合格	10 分		
评价					

师评等级	总分

六、餐梯限位控制线路安装质量自检

餐梯限位控制线路安装完成后，应根据餐梯拖动线路安装任务单、元器件布局图和安装接线表，对该部分线路安装质量进行自检，并填写餐梯限位控制线路安装质量检查记录表。

餐梯限位控制线路安装质量检查记录表

检查项目	检查内容	检查结果	存在的问题
常规检查	元器件的型号规格、参数与要求一致	□正常　□异常	
	元器件的动合、动断触点接触良好	□正常　□异常	
	线缆配接可靠，标号标识清晰，无松脱、虚接现象	□正常　□异常	
	熔断器完好无损	□正常　□异常	
	热继电器整定值与要求一致	□正常　□异常	
主线路检查	主线路各项电气参数测量：	□正常　□异常	
控制线路检查	控制线路各项电气参数测量：	□正常　□异常	
接地和绝缘检查	接地电阻： 绝缘电阻：	□正常　□异常	

七、通电试运行及故障诊断与排除

在完成餐梯限位控制线路安装质量检查后，应进行通电试运行。为保证人身安全，在通电试运行时，要认真执行国家安全操作规程的相关规定，一人监护，一人操作，同时做好通电试运行情况记录工作，填写通电试运行记录表。

通电试运行记录表

通电试运行结果：	□一次成功　□二次成功　□多次成功
故障现象	

通电试运行时如出现故障，可参照相关资料进行故障诊断与排除，并将故障诊断与排除过程填写到安装故障诊断与排除记录表中。

安装故障诊断与排除记录表

序号	故障类型	解决方法	排除后情况
1			□正常运行 □故障未排除
2			□正常运行 □故障未排除
3			□正常运行 □故障未排除
4			□正常运行 □故障未排除
5			□正常运行 □故障未排除

学习活动6 餐梯启动运行线路的安装实施

学习目标

1. 能识读餐梯启动运行线路电路图，认识启动运行线路的结构组成及其工作原理。

2. 能绘制餐梯启动运行线路元器件布局图，填写安装材料清单和接线表。

3. 能根据技术要求完成餐梯启动运行线路的安装，并填写安装情况记录表。

4. 能对餐梯启动运行线路的安装质量进行检查。

5. 能通电试运行，并能对常见的餐梯启动运行线路故障进行诊断与排除。

建议学时 20学时

学习过程

一、识读餐梯启动运行线路电路图

识读餐梯启动运行线路电路图，按要求绘制餐梯启动运行线路电气原理图并填写电路结构认识记录表。

餐梯启动运行线路电气原理图：

电路结构认识记录表

电路构成	元器件名称及代号	用途及作用
主回路		
控制回路		
简述餐梯启动运行线路的工作原理：		

二、制订工作计划和实施步骤

制订工作计划和实施步骤，明确分工责任和完成时间。

工作计划与实施步骤：

班级		姓名	
安装任务		完成时间	
小组成员		负责人	

三、填写餐梯启动运行线路安装材料清单

根据线路安装技术要求，填写餐梯启动运行线路安装材料清单，并核对所需的电工工具和仪器仪表。

餐梯启动运行线路安装材料清单

序号	元器件名称	型号规格	图形符号	数量	备注
1					
2					
3					
4					
5					
6					
7					
8					
9					
10					
11					
12					
13					
14					
15					
16					
17					
18					
19					
20					
21					
22					
23					
24					
25					
电工工具					
仪器仪表					

四、绘制元器件布局图并填写安装接线表

根据餐梯启动运行线路电气原理图，按要求绘制餐梯启动运行线路元器件布局图，并填写餐梯启动运行线路安装接线表。

餐梯启动运行线路元器件布局图：

餐梯启动运行线路安装接线表

导线号	线缆规格型号	颜色	长度 cm	数量	连接点Ⅰ		连接点Ⅱ		备注
					设备代号	端子号	设备代号	端子号	

续表

导线号	线缆规格型号	颜色	长度 cm	数量	连接点Ⅰ		连接点Ⅱ		备注
					设备代号	端子号	设备代号	端子号	

五、安装餐梯启动运行线路

根据餐梯拖动线路安装技术要求，按照元器件布局图和安装接线表完成餐梯启动运行线路安装。安装过程需符合国家相关安全规范和工艺标准，并填写餐梯启动运行线路安装情况记录表。

餐梯启动运行线路安装情况记录表

安装内容	安装规范与工艺	安装结果	配分	自评	师评
元器件布置	各元器件的安装位置应整齐、匀称、间距合理，便于元器件更换	□合格 □不合格	30 分		
	各元器件安装紧固牢靠、无损坏	□合格 □不合格			
	线槽应横平竖直、排列整齐、匀称，便于走线	□合格 □不合格			

续表

安装内容	安装规范与工艺	安装结果	配分	自评	师评
布线	布线横平竖直、间距均匀，变换走向垂直无倒角	□合格 □不合格	30分		
	同一平面的导线高低或前后一致、同路并行、分类集中、无交叉，布线合理	□合格 □不合格			
	线芯和导线无断接、露铜、绝缘损坏现象	□合格 □不合格			
	无漏线、少线情况，与电路图保持一致	□合格 □不合格			
接线	导线应配有接线鼻，导线两端有与电路图编号一致的线号管，且标号标识清晰，无漏套、少套、错套现象	□合格 □不合格	30分		
	导线连接无压绝缘层、无反圈、无露铜过长	□合格 □不合格			
	同一元器件接线端子上的连接导线不得超过两根，导线中间没有接头	□合格 □不合格			
	导线无漏接、少接、错接现象	□合格 □不合格			
安全操作	安装接线过程注意安全，不带电操作、不超时	□合格 □不合格	10分		
评价					

师评等级	总分

六、餐梯启动运行线路安装质量自检

餐梯启动运行线路安装完成后，应根据餐梯拖动线路安装任务单、元器件布局图和安装接线表，对该部分线路安装质量进行自检，并填写餐梯启动运行线路安装质量检查记录表。

餐梯启动运行线路安装质量检查记录表

检查项目	检查内容	检查结果	存在的问题
常规检查	元器件的型号规格、参数与要求一致	□正常 □异常	
	元器件的动合、动断触点接触良好	□正常 □异常	
	线缆配接可靠，标号标识清晰，无松脱、虚接现象	□正常 □异常	
	熔断器完好无损	□正常 □异常	
	热继电器整定值与要求一致	□正常 □异常	
主线路检查	主线路各项电气参数测量： 电动机星形连接起动电流： 电动机三角形连接运行电流：	□正常 □异常	
控制线路检查	控制线路各项电气参数测量：	□正常 □异常	
接地和绝缘检查	接地电阻： 绝缘电阻：	□正常 □异常	

七、通电试运行及故障诊断与排除

在完成餐梯启动运行线路安装质量检查后，应进行通电试运行。为保证人身安全，在通电试运行时，要认真执行国家安全操作规程的相关规定，一人监护，一人操作，同时做好通电试运行情况记录工作，填写通电试运行记录表。

通电试运行记录表

通电试运行结果：	□一次成功 □二次成功 □多次成功
故障现象	

通电试运行时如出现故障，可参照相关资料进行故障诊断与排除，并将故障诊断与排除过程填写到安装故障诊断与排除记录表中。

安装故障诊断与排除记录表

序号	故障类型	解决方法	排除后情况
1			□正常运行 □故障未排除
2			□正常运行 □故障未排除
3			□正常运行 □故障未排除
4			□正常运行 □故障未排除

学习活动7 检查验收

学习目标

1. 能对餐梯拖动线路安装结果进行检查验收。
2. 能填写餐梯拖动线路安装检查验收记录表。

建议学时 6学时

学习过程

根据餐梯拖动线路安装工作流程，按照《电梯制造与安装安全规范》(GB 7588—2003)和《电梯安装验收规范》(GB/T 10060—2011)中相关技术标准，对餐梯拖动线路安装结果进行检查验收，确保安装过程中每一个工作环节都符合安全操作规范和6S管理要求，并填写餐梯拖动线路安装检查验收记录表，确保餐梯拖动线路能够正常安全运行。

餐梯拖动线路安装检查验收记录表

项目名称		施工单位 / 人员	
验收负责人		验收时间	
参加验收人员			
验收标准		测试仪器 / 仪表	
序号	安装验收内容	检查验收评定	整改意见
1	技术文件齐全，材料清单中元器件规格、型号、参数符合技术要求	□合格 □不合格	
2	线路安装整齐、间距合理，电气元件、电动机、线缆等表面清洁干净	□合格 □不合格	
3	接线排列清晰、美观，接线端头线号标识明显，字迹清晰	□合格 □不合格	

续表

序号	安装验收内容	检查验收评定	整改意见
4	线缆绝缘层无裂痕、无损伤，外观完好	□合格　□不合格	
5	紧固件安装固定牢靠，无松动	□合格　□不合格	
6	按钮、开关操作灵活可靠，无卡阻	□合格　□不合格	
7	熔断器完好，无损伤	□合格　□不合格	
8	熔断器带有熔断指示，便于更换熔体	□合格　□不合格	
9	主接触器灭弧装置通道顺畅，灭弧距离足够	□合格　□不合格	
10	线缆接线无铜体裸露，接触牢固可靠	□合格　□不合格	
11	Y－△启动线路在电动机转速接近运行转速时能够延时切换	□合格　□不合格	
12	行程位置设置合理，信号接点动作准确可靠	□合格　□不合格	
13	热继电器整定值设置合理，断路器脱扣装置动作准确，在模拟短路或过载情况下能立即动作，保护线路	□合格　□不合格	
14	线路接地、接零装置标识明显，安全可靠	□合格　□不合格	
15	线路绝缘实测阻值符合国家现行安全标准规定	□合格　□不合格	
16	线路、电动机接地实测阻值符合国家现行安全标准规定	□合格　□不合格	
17	通电试运行，各电气元件动作灵活、可靠、无异响，自联锁及传动装置动作准确	□合格　□不合格	
18	相应资料文件（包括线路安装情况记录表、安装质量检查记录表、通电试运行记录表等）完整齐备	□合格　□不合格	

学习活动 8　工作总结与评价

学习目标

1. 能按分组情况，派代表展示工作成果，说明本次任务的完成情况，并做分析总结。

2. 能结合任务完成情况，正确规范地撰写工作总结，对学习与工作进行反思。

3. 能就本次任务中出现的问题提出改进措施。

4. 能与他人开展良好合作，进行有效沟通。

建议学时　2 学时

学习过程

一、个人、小组评价

以小组为单位，选择演示文稿、展板、海报、视频等形式中的一种或几种，向全班展示安装成果。在展示的过程中，以小组为单位进行评价；评价完成后，根据其他小组成员对本组展示成果的评价意见进行归纳总结。

汇报思路设计：

其他小组成员的评价意见：

二、教师评价

认真听取教师对本小组展示成果优缺点以及在完成任务过程中出现的亮点和不足的评价意见，并做好记录。

1．教师对本小组展示成果优点的点评。

2．教师对本小组展示成果缺点及改进方法的点评。

3．教师对本小组在整个任务完成过程中出现的亮点和不足的点评。

三、工作过程回顾及总结

1．在团队学习过程中，项目负责人给你分配了哪些工作任务？你是如何完成的？还有哪些需要改进的地方？

2．总结完成餐梯拖动线路安装任务过程中遇到的问题和困难，列举 2 ～ 3 点你认为比较值得与其他同学分享的工作经验。

3．回顾本学习任务的工作过程，对新学专业知识和技能进行归纳和整理，撰写工作总结。

评价与分析

按照客观、公正和公平原则，在教师的指导下按自我评价、小组评价和教师评价三种方式对自己或他人在本学习任务中的表现进行综合评价。综合等级按：A（90 ~ 100）、B（75 ~ 89）、C（60 ~ 74）、D（0 ~ 59）四个级别进行填写。

学习任务综合评价表

<table>
<tr><th rowspan="2">考核项目</th><th rowspan="2">评价内容</th><th rowspan="2">配分</th><th colspan="3">评价分数</th></tr>
<tr><th>自我评价</th><th>小组评价</th><th>教师评价</th></tr>
<tr><td rowspan="6">职业素养</td><td>劳动保护用品穿戴完备，仪容仪表符合工作要求</td><td>5 分</td><td></td><td></td><td></td></tr>
<tr><td>安全意识、责任意识、服从意识强</td><td>6 分</td><td></td><td></td><td></td></tr>
<tr><td>积极参加教学活动，按时完成各项学习任务</td><td>6 分</td><td></td><td></td><td></td></tr>
<tr><td>团队合作意识强，善于与人交流和沟通</td><td>6 分</td><td></td><td></td><td></td></tr>
<tr><td>自觉遵守劳动纪律，尊敬师长，团结同学</td><td>6 分</td><td></td><td></td><td></td></tr>
<tr><td>爱护公物，节约材料，管理现场符合 6S 标准</td><td>6 分</td><td></td><td></td><td></td></tr>
<tr><td rowspan="3">专业能力</td><td>专业知识扎实，有较强的自学能力</td><td>10 分</td><td></td><td></td><td></td></tr>
<tr><td>操作积极，训练刻苦，具有一定的动手能力</td><td>15 分</td><td></td><td></td><td></td></tr>
<tr><td>技能操作规范，注重安装工艺，工作效率高</td><td>10 分</td><td></td><td></td><td></td></tr>
<tr><td rowspan="2">工作成果</td><td>餐梯拖动线路安装符合工艺规范，安装质量高</td><td>20 分</td><td></td><td></td><td></td></tr>
<tr><td>工作总结符合要求</td><td>10 分</td><td></td><td></td><td></td></tr>
<tr><td colspan="2">总分</td><td>100 分</td><td></td><td></td><td></td></tr>
<tr><td>总评</td><td>自我评价 ×20%+ 小组评价 ×20%+ 教师评价 ×60%=</td><td>综合等级</td><td colspan="3">教师（签名）：</td></tr>
</table>

小资料：

电梯拖动线路安装实训室管理制度（试行）

1. 实训期间不得打闹、嬉戏。
2. 实训期间不得玩手机、看小说等。
3. 实训期间不得听音乐。
4. 未经允许不得进入实训场地。

5. 实训设备未经同意不得触摸、使用。
6. 若有紧急情况发生（受伤、触电等紧急事件），应立即报告老师。
7. 实训期间不得穿拖鞋、高跟鞋、凉鞋，必须穿工作服。
8. 实训期间不得戴耳环、项链、手链、脚链。
9. 实训期间必须遵循实训室安全管理规定，若发生违反规定行为，按照学院相关规定进行处理。
10. 安全第一，人人有责。

常见安全标识

标识	含义	标识	含义	标识	含义
	当心机械伤人		注意安全		当心绊倒
	当心触电		当心火灾		当心坠物
	禁带危险品		必须穿工作服		必须穿防护鞋
	必须戴防护手套		禁止吸烟		禁止喝酒
	严禁打闹		禁止打电话		严禁烟火

学习任务三　电梯信号控制线路的安装

学习目标

1. 能识读电梯信号控制线路安装任务书，明确安装任务。
2. 熟悉电梯五方通话系统、水晶头和通信电缆的基本知识。
3. 能识读电梯信号控制线路电气原理图，并填写安装接线表。
4. 能进行现场勘查，并绘制五方通话系统的布局图。
5. 能正确选用安装工具完成电梯信号控制线路的安装。
6. 能完成电梯信号控制线路安装质量自检及通电试运行。
7. 能诊排电梯信号控制线路常见安装故障。
8. 能完成电梯信号控制线路安装的工作总结与评价。

建议学时

22 学时

工作情境描述

某商场一部 3 层 /3 站、速度 1 m/s、载重 2 000 kg 的货梯需要进行电梯信号控制线路安装工作，设备、材料已经装箱进场，要求按照任务书的要求，完成信号控制线路安装、调整和测试，安装完成后进行安装质量自检与验收，两日内完成。

工作流程与活动

学习活动 1　明确工作任务（2 学时）

学习活动 2　安装前的工作准备（4 学时）

学习活动 3　明确安装流程（4 学时）

学习活动 4　安装实施（6 学时）

学习活动 5　质量检查与试运行（4 学时）

学习活动 6　工作总结与评价（2 学时）

学习活动1　明确工作任务

学习目标

能识读电梯信号控制线路安装任务书，填写电梯信号控制线路安装信息表，明确工作任务。

建议学时　2学时

学习过程

领取电梯信号控制线路安装任务书，根据企业工作流程要求，查阅《电梯制造与安装安全规范》GB 7588—2003）和《电梯安装验收规范》GB/T 10060—2011），以及网络资料，完成电梯信号控制线路安装信息表的填写，明确电梯信号控制线路安装工作包含的安装项目、遵循规范及安装目标。

电梯信号控制线路安装任务书：某商场一部3层/3站、速度1 m/s、载重2 000 kg的货梯需要进行电梯信号控制线路即电梯五方通话系统——电梯管理中心（值班室）、电梯轿厢、电梯机房分机、电梯顶部、电梯井道底部五个部分的信号控制线路的安装工作。要求在完成线路安装后，电梯管理中心（值班室）与电梯轿厢之间、电梯管理中心与电梯机房分机、电梯管理中心与电梯顶部、电梯管理中心与电梯井道底部之间可以进行呼叫、通话，以保证电梯出现困人现象时，可以对外呼救。

电梯信号控制线路安装信息表

序号	安装项目	遵循规范	目标
1			
2			

续表

序号	安装项目	遵循规范	目标
3			
4			
5			

学习活动 2　安装前的工作准备

学习目标

1. 熟悉电梯五方通话系统的基本知识。

2. 熟悉水晶头的基本知识，并能制作水晶头。

3. 熟悉通信电缆的基本知识。

4. 能根据电梯信号控制线路安装信息表，确认安装材料清单。

建议学时　4 学时

学习过程

一、认识电梯五方通话系统

通过查阅电梯信号控制线路安装任务书可知，本任务所指的电梯信号控制线路安装即是电梯五方通话系统安装，因此在实施安装前应充分了解电梯五方通话系统。

1．什么是电梯五方通话系统？

2．电梯五方通话系统的功能是什么？

3．电梯五方通话系统通常可以分为哪几类?

4．简述不同类型的电梯五方通话系统的特点及适用范围。

5．简述电梯五方通话系统的主要组成。

6．根据下表中的图片，识别电梯五方通话系统主要部件，并完成相关参数的填写。

部件图片	部件名称	工作电压	信号传输方式

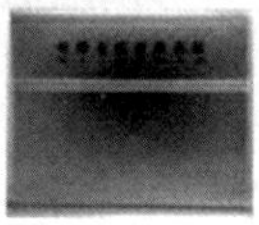			

续表

部件图片	部件名称	工作电压	信号传输方式

7．在下图中补充各指示部分的功能，并简述值班室主机的功能。

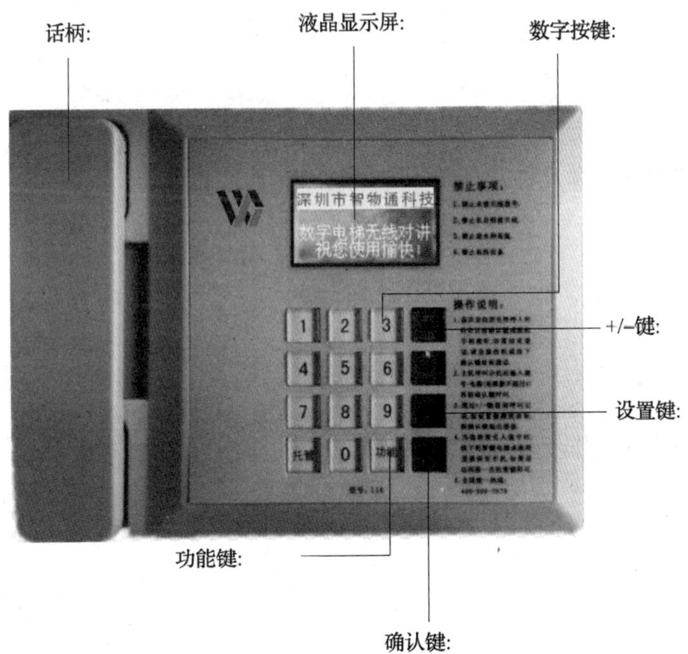

8．将下图中机房分机各个接口、指示灯的功能补充完整，并简述机房分机的功能。

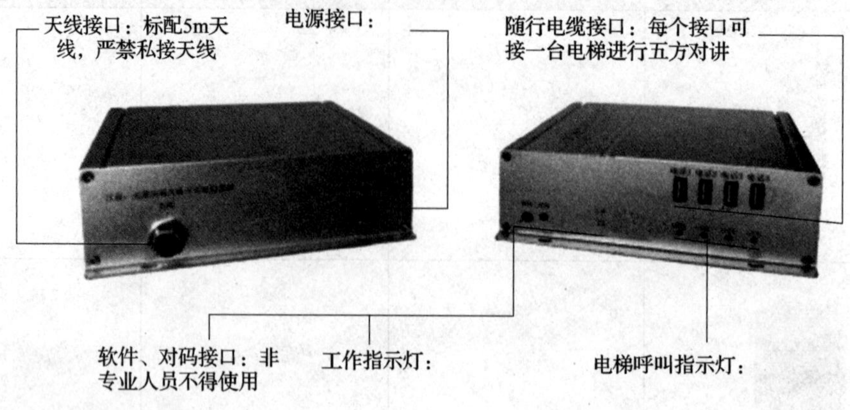

二、认识并制作水晶头

1．什么是水晶头？它的作用是什么？

2．水晶头的接法有哪几种？

3．简述水晶头的制作步骤。

4．制作水晶头需要使用哪些工具?

5．简述压线钳的作用和使用方法。

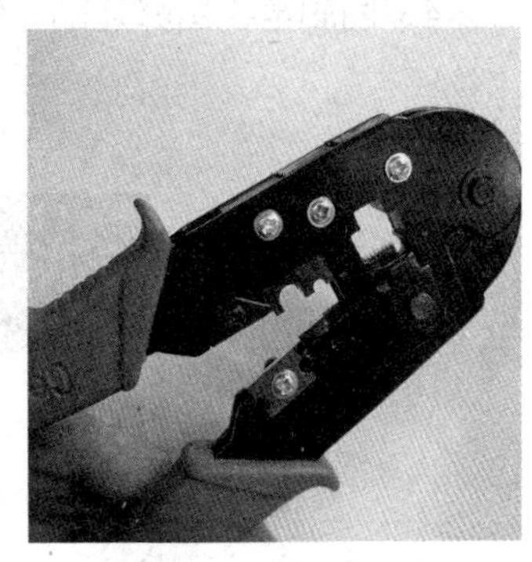
压线钳

6．根据下表所列步骤，完成水晶头的制作与检测。

序号	步骤	完成情况
1	工具材料准备	□完成　□基本完成　□未完成
2	整理线缆、剥线	□完成　□基本完成　□未完成
3	压线	□完成　□基本完成　□未完成
4	测试	□完成　□基本完成　□未完成

三、认识通信电缆

1．什么是通信电缆?

2．通信电缆按照结构不同和应用场合不同可以分为哪几类?

3．什么是对称电缆？什么是同轴电缆？

4．同轴电缆由哪几部分组成？在下图中补充各指示部分的名称。

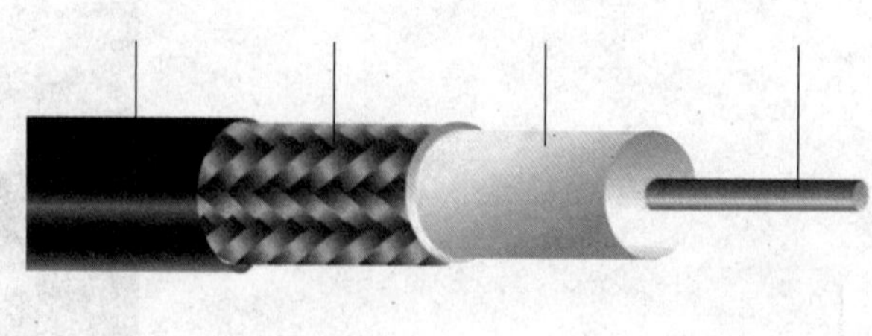

5．查阅资料，说明同轴电缆型号 SYWV-50-5 中字母和数字的含义。

四、确认电梯信号控制线路材料清单

根据电梯信号控制线路安装信息表，查阅电梯信号控制线路安装任务书、电梯信号控制线路安装材料清单，确认安装材料。

电梯信号控制线路安装材料清单

序号	物料名称	数量	规格	备注	确认情况
1	值班室主机	1	300 mm × 230 mm × 180 mm		□质量 □数量 □规格
2	机房分机	1	240 mm × 180 mm × 55 mm		□质量 □数量 □规格
3	天线	2	550 mm × 110 mm		□质量 □数量 □规格
4	UPS 电源	2	250 mm × 160 mm × 70 mm		□质量 □数量 □规格

续表

序号	物料名称	数量	规格	备注	确认情况
5	轿厢通话器	1	66 mm × 25 mm × 12.5 mm		□质量　□数量　□规格
6	机房电话	1	190 mm × 80 mm × 55 mm		□质量　□数量　□规格
7	轿顶、底坑通话器	1	118 mm × 78 mm × 37 mm		□质量　□数量　□规格
8	同轴电缆	8 m	SYWV-50-5	接天线用	□质量　□数量　□规格
9	同轴电缆	5 m	SYWV-50-3	接天线用	□质量　□数量　□规格
10	电缆	10 m	$3 \times 0.75\ mm^2$	随行电缆延长线	□质量　□数量　□规格
11	线槽	1	24 mm × 14 mm	同轴电缆线槽	□质量　□数量　□规格
12	穿线管	10 m	20 mm	穿随行电缆延长线	□质量　□数量　□规格
13	螺栓	22	M8 × 40	固定主机	□质量　□数量　□规格
14	胶塞	22	—	螺栓配套	□质量　□数量　□规格
15	冷压接线端子	8	20 mm × 7.5 mm × 14 mm	随行电缆延长线连接端子	□质量　□数量　□规格

学习活动3　明确安装流程

学习目标

1. 能填写电梯信号控制线路安装流程表。

2. 能识读电梯信号控制线路电气原理图，并填写电梯信号控制线路安装接线表。

3. 能进行现场勘查，并绘制五方通话系统的布局图。

建议学时　4学时

学习过程

一、填写电梯信号控制线路安装流程表

根据电梯信号控制线路安装任务书，查阅《电梯制造与安装安全规范》《电梯安装验收规范》，以及《安装调试手册》《电梯五方通话系统说明书》，填写电梯信号控制线路安装流程表。

电梯信号控制线路安装流程表

1. 工作人员信息

安装人		时间	

2. 工作内容及技术要求

序号	位置	安装项目	涉及国标	技术要求
1	值班室	值班室主机		
2		电源		
3		天线		
4		值班室主机与天线之间的线缆及线槽		

续表

序号	位置	安装项目	涉及国标	技术要求
5	机房	无线分机		
6		电源		
7		天线		
8		无线分机与天线之间的线缆及线槽		
9		随行电缆延长线		
10		机房电话		
11		随行电缆延长线		
12	轿厢	轿厢通话器		
13		随行电缆延长线		
14	轿顶	轿顶通话器		
15		随行电缆延长线		
16	底坑	底坑通话器		
17		随行电缆延长线		

3．物料要求

序号	物料名称	数量	规格	备注
1	安全帽	1		
2	工作服	1		
3	安全鞋	1		
4	十字旋具	1		
5	一字旋具	1		
6	验电笔	1		

续表

序号	物料名称	数量	规格	备注
7	万用表	1		
8	钳形表	1		
9	绝缘表	1		
10	五方通话系统物料	1 套		

4. 人员实施进度安排

序号	任务	预计完成时间	参与人	负责人
1	明确电梯信号控制线路安装任务的内容及要求		全体	
2	认识电梯五方通话系统		全体	
3	认识电缆、线槽、穿线管、接线端子		全体	
4	确认五方通话系统材料		全体	
5	确定电梯信号控制线路安装工作流程		全体	
6	识读电梯信号控制线路电气原理图		全体	
7	选用工具、仪表		全体	
8	检测电缆、线槽、穿线管、接线端子质量		全体	
9	实施电梯信号控制线路安装		全体	
10	检查电梯信号控制线路元器件安装、接线、绝缘质量		全体	
11	电梯信号控制线路通电试运行		全体	
12	诊断与排除电梯控制信号线路安装故障		全体	
13	电梯控制信号线路安装工作总结与评价		全体	

二、识读电梯信号控制线路电气原理图

识读电梯信号控制线路电气原理图，并填写电梯信号控制线路安装接线表。

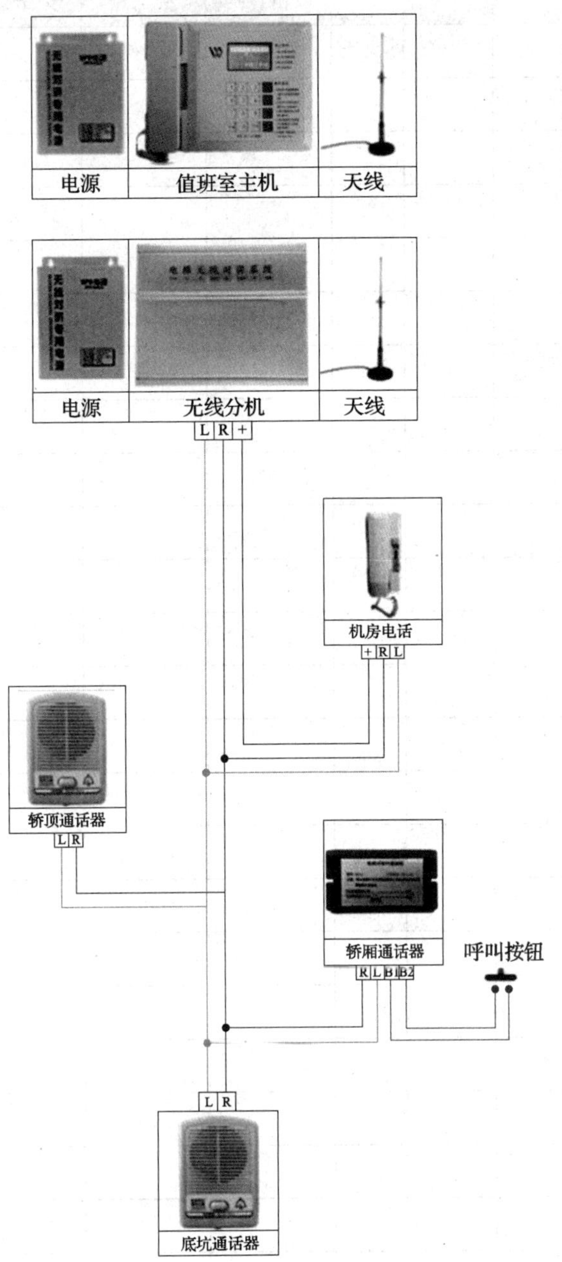

电梯信号控制线路电气原理图

电梯信号控制线路安装接线表

导线号	线缆规格型号	颜色	长度 cm	数量	连接点Ⅰ		连接点Ⅱ		备注
					设备代号	端子号	设备代号	端子号	

三、勘查现场，绘制五方通话系统安装布局图

勘查现场，根据现场勘查情况填写电梯信号控制线路现场勘查记录表，并绘制五方通话系统安装布局图。

电梯信号控制线路现场勘查记录表

1．个人安全防护用品准备

个人安全防护用品	准备情况
安全帽	□准备完好，穿戴正确　□未准备
防护鞋	□准备完好，穿戴正确　□未准备
工作服	□准备完好，穿戴正确　□未准备

2．施工现场勘查记录

<table>
<tr><td>工程名称</td><td></td><td>工程地点</td><td></td></tr>
<tr><td>勘查时间</td><td></td><td>记录人</td><td></td></tr>
<tr><td>勘查内容</td><td colspan="3"></td></tr>
<tr><td rowspan="6">指出电梯五方通话系统安装位置</td><td>值班室主机</td><td colspan="2">□正确　□基本正确　□错误</td></tr>
<tr><td>无线分机</td><td colspan="2">□正确　□基本正确　□错误</td></tr>
<tr><td>机房电话</td><td colspan="2">□正确　□基本正确　□错误</td></tr>
<tr><td>轿厢通话器</td><td colspan="2">□正确　□基本正确　□错误</td></tr>
<tr><td>轿顶通话器</td><td colspan="2">□正确　□基本正确　□错误</td></tr>
<tr><td>底坑通话器</td><td colspan="2">□正确　□基本正确　□错误</td></tr>
</table>

绘制五方通话系统安装布局图：

学习活动4 安装实施

学习目标

1. 能检测电缆、线槽、穿线管和接线端子质量。
2. 能完成电梯信号控制线路的安装。

建议学时 6学时

学习过程

一、检测电缆、线槽、穿线管、接线端子质量

识读物料清单，熟练掌握电缆、线槽、穿线管、接线端子质量的检测方法，并完成物料质量检测记录表的填写。

物料质量检测记录表

序号	物料名称	数量	规格	检测工具	检测方法	检测结果
1	同轴电缆	8 m	SYWV-50-5	万用表		□合格 □不合格
2	同轴电缆	5 m	SYWV-50-3	万用表		□合格 □不合格
3	电缆	10 m	3×0.75 mm^2	万用表		□合格 □不合格
4	线槽	1	24 mm × 14 mm			□合格 □不合格
5	穿线管	10 m	20 mm			□合格 □不合格
6	螺栓	22	M8 × 40			□合格 □不合格

续表

序号	物料名称	数量	规格	检测工具	检测方法	检测结果
7	胶塞	22	—			□合格 □不合格
8	冷压接线端子	8	20 mm × 7.5 mm × 14 mm			□合格 □不合格

二、实施电梯信号控制线路安装

在清点核对完材料的规格和数量，以及准备好工具、仪表后，根据电梯信号控制线路电气原理图、接线表及布局图，勘查现场，实施电梯信号线路安装，并填写电梯信号控制线路安装记录表。

电梯信号控制线路安装记录表

1. 工作人员信息

安装人		时间	

2. 工作内容及完成情况

序号	位置	图片	安装项目及步骤	技术要求	完成情况
1	值班室		将值班室主机放置于合适的位置	主机可放置在桌上或固定在墙上，要注意防水防晒，且环境温度不可过高，以免影响使用寿命	□完成 □基本完成 □未完成
2			用 M8 × 40 的螺栓固定值班室主机		
3			将电源放置于合适的位置	确保电源始终有电并稳定输出 12 V 左右电压，否则将导致信号连接中断	□完成 □基本完成 □未完成
4			用 M8 × 40 的螺栓固定电源		
5			通过线槽将天线线缆引到室外	天线尽量放在值班室楼顶朝向分机方向，天线不可靠近墙面贴放，会导致信号衰减	□完成 □基本完成 □未完成
6			将天线固定在室外空旷处		
7			连接好天线与主机，并拧紧接头	天线和主机接头一定要拧紧，接触不良容易导致信号不稳定或者烧坏主机发射模块	□完成 □基本完成 □未完成

续表

序号	位置	图片	安装项目及步骤	技术要求	完成情况
8			将电源接入主机	禁止先接电源后接天线，必须先固定好天线位置并和主机对接，否则容易烧坏主机发射模块	□完成 □基本完成 □未完成
9	机房		将无线分机放置于合适的位置	将分机安装在机房窗口或者门口，同时应避免日晒雨淋。分机号及电梯号需对号安装	□完成 □基本完成 □未完成
10			用 M8×40 的螺栓固定无线分机		
11			将电源放置于合适的位置	确保电源始终有电并稳定输出 12 V 左右电压，否则导致信号连接中断	□完成 □基本完成 □未完成
12			用 M8×40 的螺栓固定电源		
13			通过线槽将天线线缆引到室外	将天线伸至楼顶固定并朝向主机方向	□完成 □基本完成 □未完成
14			将天线固定在室外空旷处，并朝向主机天线方向		□完成 □基本完成 □未完成
15			连接好天线与分机，并拧紧接头		□完成 □基本完成 □未完成
16			将两根备用随行电缆延伸至分机自带 USB 插头处，与 USB 插头黄绿线分别对接	注意对接线的颜色，严禁接错	□完成 □基本完成 □未完成
17			将电源接入分机	先接天线后接电源	□完成 □基本完成 □未完成
18			将机房电话固定于合适的位置	接线时系统需断电，注意接线颜色，严禁接错	□完成 □基本完成 □未完成
19			将机房电话红黑线分别与 USB 插头红黑线对接		□完成 □基本完成 □未完成
20			将机房电话黄绿线与随行电缆黄绿线对接		□完成 □基本完成 □未完成

续表

序号	位置	图片	安装项目及步骤	技术要求	完成情况
21	轿厢	通话器	将轿厢通话器固定在轿厢操作面板背后，扬声器和扩音器的孔位与蜂窝孔对齐	接线时系统需断电，注意接线颜色，严禁接错	□完成 □基本完成 □未完成
22			将轿厢通话器黄绿线与随行电缆黄绿线对接		□完成 □基本完成 □未完成
23			将两根橙色线连接至报警按钮		□完成 □基本完成 □未完成
24			盖上面板		□完成 □基本完成 □未完成
25	轿顶	通话器	将轿顶通话器固定在合适位置	接线时系统需断电，注意接线颜色，严禁接错	□完成 □基本完成 □未完成
26			将黄绿线与随行电缆黄绿线对接		□完成 □基本完成 □未完成
27	底坑	通话器	将底坑通话器固定在合适位置	接线时系统需断电，注意接线颜色，严禁接错	□完成 □基本完成 □未完成
28			将黄绿线与随行电缆黄绿线对接		□完成 □基本完成 □未完成

学习活动 5 质量检查与试运行

学习目标

1. 能进行控制线路元器件安装、接线、绝缘质量检查。
2. 能进行通电试运行。
3. 能对电梯信号控制线路安装故障进行诊断与排除。

建议学时 4 学时

学习过程

一、电梯信号控制线路元器件安装、接线、绝缘质量检查

根据电梯信号控制线路元器件安装、接线、绝缘质量检查表检查电梯信号控制线路元器件安装、接线、绝缘质量，并记录检查情况。

电梯信号控制线路元器件安装、接线、绝缘质量检查表

1. 元器件安装检查（30 分）

序号	项目	技术要求	安装情况
1	值班室主机	主机可放置在桌上或者固定在墙上，要注意防水防晒	□合格 □不合格
2	值班室电源	固定于合适位置	□合格 □不合格
3	值班室天线	固定在空旷处，朝向分机所在方向，不靠近墙面贴放	□合格 □不合格
4	无线分机	分机应安装在机房窗口或者门口，同时应避免日晒雨淋	□合格 □不合格
5	分机电源	固定于合适位置	□合格 □不合格

续表

序号	项目	技术要求	安装情况
6	分机天线	固定在空旷处，朝向值班室主机方向，不靠近墙面贴放	□合格　□不合格
7	机房电话	固定于合适位置	□合格　□不合格
8	轿厢通话器	固定在轿厢操作面板背后，喇叭和扩音器的孔位与蜂窝孔对齐	□合格　□不合格
9	轿顶通话器	固定于合适位置	□合格　□不合格
10	底坑通话器	固定于合适位置	□合格　□不合格

2．接线检查

序号	项目	技术要求	接线情况
1	天线与主机之间的连接线	天线与主机接头的连接紧固	□合格　□不合格
2	电源与主机之间的连接线	先接天线后接电源	□合格　□不合格
3	天线与分机之间的连接线	天线与分机接头的连接紧固	□合格　□不合格
4	电源与分机之间的连接线	先接天线后接电源	□合格　□不合格
5	USB 插头黄绿线与随行电缆之间的连接	对应颜色正确，连接紧固	□合格　□不合格
6	机房电话红黑线与 USB 插头红黑线的连接	对应颜色正确，连接紧固	□合格　□不合格
7	机房电话黄绿线与随行电缆黄绿线的连接	对应颜色正确，连接紧固	□合格　□不合格
8	轿厢通话器黄绿线与随行电缆黄绿线的连接	对应颜色正确，连接紧固	□合格　□不合格
9	轿厢通话器两根橙色线与报警按钮的连接	对应颜色正确，连接紧固	□合格　□不合格
10	轿顶通话器黄绿线与随行电缆黄绿线的连接	对应颜色正确，连接紧固	□合格　□不合格
11	底坑通话器黄绿线与随行电缆黄绿线的连接	对应颜色正确，连接紧固	□合格　□不合格

3．绝缘检查

序号	项目	技术要求	绝缘情况
1	值班室主机	绝缘电阻 >500 MΩ	□合格　□不合格
2	值班室电源	绝缘电阻 >500 MΩ	□合格　□不合格
3	值班室天线	绝缘电阻 >500 MΩ	□合格　□不合格
4	无线分机	绝缘电阻 >500 MΩ	□合格　□不合格

续表

序号	项目	技术要求	绝缘情况
5	分机电源	绝缘电阻 >500 MΩ	□合格 □不合格
6	分机天线	绝缘电阻 >500 MΩ	□合格 □不合格
7	机房电话	绝缘电阻 >500 MΩ	□合格 □不合格
8	轿厢通话器	绝缘电阻 >500 MΩ	□合格 □不合格
9	轿顶、底坑通话器	绝缘电阻 >500 MΩ	□合格 □不合格
10	同轴电缆	绝缘电阻 >500 MΩ	□合格 □不合格
11	电源线	绝缘电阻 >500 MΩ	□合格 □不合格
12	随行电缆	绝缘电阻 >500 MΩ	□合格 □不合格
13	呼叫按钮	绝缘电阻 >500 MΩ	□合格 □不合格

二、电梯信号控制线路通电试运行

在完成元器件安装、接线、绝缘质量检查后，应按照电梯信号控制线路通电试运行情况表中所列方法进行通电试运行。为保证人身安全，在通电试运行时，要认真执行国家安全操作规程的相关规定，一人监护，一人操作，同时做好通电试运行情况记录工作，填写电梯信号控制线路通电试运行情况表。

电梯信号控制线路通电试运行情况表

序号	项目	测试方法	试运行情况
1	电梯呼叫主机	轻按轿厢通话器呼叫按钮键“☎”，呼叫值班室主机。主机发出电梯呼叫的铃声，同时液晶显示屏上显示电梯相关信息（见下图），值班人员提起手柄或轻按“确认”键即可接听求救电话。通话结束后，将手柄放回原位或按“确认”键挂断通话 深圳市智物通科技 拨号 001号楼2号梯	□运行正常 □出现故障 故障记录：

续表

序号	项目	测试方法	试运行情况
2	主机呼叫电梯	在数字键盘上输入电梯对应编号，然后按“确认”键，应发出信号呼叫电梯，同时液晶显示屏上显示电梯相关信息（见上图）并能进行通话。通话结束后，将手柄放回原位或按“确认”键挂断通话	□运行正常 □出现故障 故障记录：
3	机房分机与轿厢之间通话	拿起话筒应可与轿厢之间实现通话	□运行正常 □出现故障 故障记录：
4	机房分机与值班室主机之间的通话	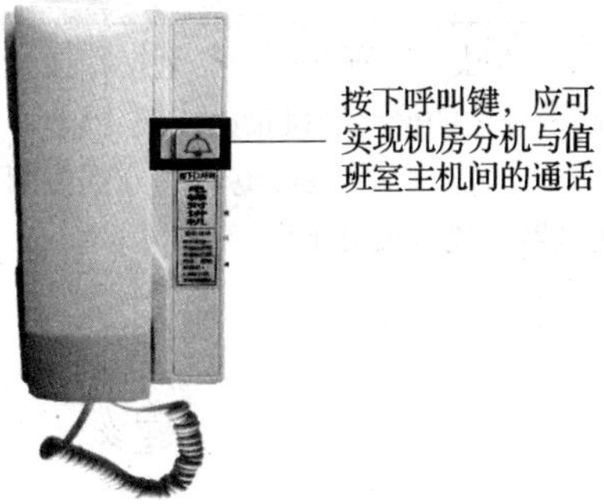 按下呼叫键，应可实现机房分机与值班室主机间的通话	□运行正常 □出现故障 故障记录：
5	底坑与值班室主机之间的通话	按下呼叫键，应可实现底坑与值班室主机之间的通话	□运行正常 □出现故障 故障记录：
6	轿顶与值班室主机之间的通话	按下呼叫键，应可实现轿顶与值班室主机之间的通话	□运行正常 □出现故障 故障记录：

三、电梯控制信号安装故障诊断与排除

电梯信号控制线路通电试运行时如出现故障，可参照电梯信号控制线路安装常见故障分析表中的故障解决方法进行故障诊断与排除，并将故障诊断与排除过程填写到安装故障诊断与排除记录表中。

电梯信号控制线路安装常见故障诊断与排除

序号	故障类型	解决方法
1	轿厢通话器啸叫	解决方法一：调整通话器安装位置，使喇叭和话筒对准电梯面板上的蜂窝孔，增加喇叭和话筒之间的高度，并增加通话器和面板之间的间隙 解决方法二：通过调节功放放大倍数来改善啸叫（见下图）  顺时针调大，逆时针调小，调节幅度不能超过45°
2	通话器连接报警按钮后，自动报警，警铃长鸣	解决方法一：用万用表测量报警按钮是否带电，若带电，则将轿厢通话器最外边的橙色线接带电按钮正极 解决方法二：加装继电器，分别控制带电按钮的警铃功能和呼叫功能（继电器接线方法见下图） 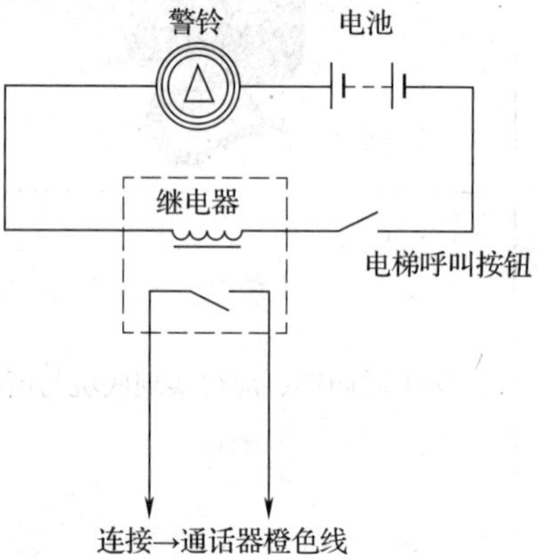 警铃 电池 继电器 电梯呼叫按钮 连接→通话器橙色线
3	通话过程中出现杂音	检测天线是否按要求摆放，随行电缆是否带电
4	呼叫信号中断	首先检查天线连接是否牢固，天线插头接触不好容易出现信号丢失情况；然后检测 UPS 电源是否接上了 220 V 市电，如电源供电不足，也容易出现信号丢失情况
5	只能单方通话	检查黄绿两根信号线是否接反
6	音量小	将主机和分机上的音量开关调大

安装故障诊断与排除记录表

序号	故障类型	解决方法	排除后情况
1			□正常运行 □故障未排除
2			□正常运行 □故障未排除
3			□正常运行 □故障未排除
4			□正常运行 □故障未排除
5			□正常运行 □故障未排除

学习活动6 工作总结与评价

学习目标

1. 能按分组情况，派代表展示工作成果，说明本次任务的完成情况，并做分析总结。

2. 能结合任务完成情况，正确规范地撰写工作总结，对学习与工作进行反思。

3. 能就本次任务中出现的问题提出改进措施。

4. 能与他人开展良好合作，进行有效沟通。

建议学时 2学时

学习过程

一、个人、小组评价

以小组为单位，选择演示文稿、展板、海报、视频等形式中的一种或几种，向全班展示安装成果。在展示的过程中，以小组为单位进行评价；评价完成后，根据其他小组成员对本组展示成果的评价意见进行归纳总结。

汇报思路设计：

其他小组成员的评价意见：

二、教师评价

认真听取教师对本小组展示成果优缺点以及在完成任务过程中出现的亮点和不足的评价意见，并做好记录。

1．教师对本小组展示成果优点的点评。

2．教师对本小组展示成果缺点及改进方法的点评。

3．教师对本小组在整个任务完成过程中出现的亮点和不足的点评。

三、工作过程回顾及总结

1．在团队学习过程中，项目负责人给你分配了哪些工作任务？你是如何完成的？还有哪些需要改进的地方？

2．总结完成电梯信号控制线路安装任务过程中遇到的问题和困难，列举 2 ~ 3 点你认为比较值得与其他同学分享的工作经验。

3．回顾本学习任务的工作过程，对新学专业知识和技能进行归纳和整理，撰写工作总结。

评价与分析

按照客观、公正和公平原则，在教师的指导下按自我评价、小组评价和教师评价三种方式对自己或他人在本学习任务中的表现进行综合评价。综合等级按：A（90 ~ 100）、B（75 ~ 89）、C（60 ~ 74）、D（0 ~ 59）四个级别进行填写。

学习任务综合评价表

考核项目	评价内容	配分	评价分数		
			自我评价	小组评价	教师评价
职业素养	劳动保护用品穿戴完备，仪容仪表符合工作要求	5 分			
	安全意识、责任意识、服从意识强	6 分			
	积极参加教学活动，按时完成各项学习任务	6 分			
	团队合作意识强，善于与人交流和沟通	6 分			
	自觉遵守劳动纪律，尊敬师长，团结同学	6 分			
	爱护公物，节约材料，管理现场符合 6S 标准	6 分			
专业能力	专业知识扎实，有较强的自学能力	10 分			
	操作积极，训练刻苦，具有一定的动手能力	15 分			
	技能操作规范，注重安装工艺，工作效率高	10 分			
工作成果	电梯信号控制线路安装符合工艺规范，安装质量高	20 分			
	工作总结符合要求	10 分			
总分		100 分			
总评	自我评价 ×20%+ 小组评价 ×20%+ 教师评价 ×60%=	综合等级	教师（签名）：